高等教育艺术设计专业"十四五"校企合作融媒体系列教材

Photoshop
实训教程

主　编　童　怡　陈　亮　潘美莲
副主编　彭雪萍　王　丹　庞志威

U0278728

华中科技大学出版社
http://press.hust.edu.cn
中国·武汉

内 容 简 介

本书着重将理论知识与实际操作相结合，以满足不同层次用户的需求。本书内容涵盖从基础操作到高级技巧的全方位教学，包括但不限于界面操作、工具应用、图层管理、色彩调整、滤镜使用、文本编辑、图像修复、合成技巧以及3D设计等。每个章节都配有详细的步骤说明和实际案例，旨在通过实践来加深学生对理论的理解。本书还特别增加了专业应用内容，如广告设计、网页设计、动画制作等，以展示Photoshop在不同领域里的应用场景，拓宽学生的职业视野，也帮助他们更好地理解和掌握Photoshop的综合运用。

图书在版编目（CIP）数据

Photoshop实训教程 / 童怡，陈亮，潘美莲主编 . -- 武汉：华中科技大学出版社，2024.8. -- ISBN 978-7-5772-1001-8

Ⅰ. TP391.413

中国国家版本馆CIP数据核字第20240CW393号

Photoshop 实训教程
Photoshop Shixun Jiaocheng

童 怡 陈 亮 潘美莲 主编

策划编辑：江　畅

责任编辑：李曜男

封面设计：王　洋

责任校对：刘　竣

责任监印：朱　玢

出版发行：华中科技大学出版社（中国•武汉）　　　电话：(027)81321913

　　　　　武汉市东湖新技术开发区华工科技园　　　邮编：430223

录　　排：华中科技大学惠友文印中心

印　　刷：武汉科源印刷设计有限公司

开　　本：889mm×1194mm　1/16

印　　张：11.25

字　　数：352千字

版　　次：2024年8月第1版第1次印刷

定　　价：59.00元

给读者的话

尊敬的读者：

您好！

欢迎来到Photoshop的学习之旅！

在当今数字化时代，图像处理已成为各行各业不可或缺的技能。Photoshop是图像处理领域的佼佼者，其强大的功能和广泛的应用领域使它成为许多人学习的首选。本书将带您走进Photoshop的世界，让您领略其独特的魅力。本书旨在为广大Photoshop初学者和进阶者提供一本全面、系统的学习指南。无论是掌握Photoshop的基本操作，还是深入探索其高级功能，本书都将为您提供有力的支持。

本书的内容全面、细致，既注重基础知识的讲解，又兼顾实践应用的操作，分为基础操作篇和进阶实践篇两大部分。基础操作篇涵盖了Photoshop基本操作、选区绘制、绘画功能、矢量绘图、图像修饰、色调和颜色调整、图层混合与样式，以及滤镜应用等多个工具和命令。我们将从Photoshop的基本界面和工具入手，通过深入浅出的讲解和丰富的实例，让您轻松理解并掌握Photoshop的各项功能，深入了解各种图像处理的技巧和方法；结合丰富的实例，让您在实践中掌握技能，提高学习效率。进阶实践篇则重点关注Photoshop在各领域的应用。我们将从前期抠图技巧、后期贴图技巧、海报设计、网页设计、UI设计等多领域的应用入手，通过相关案例讲解和演示，让您掌握Photoshop在不同领域的应用技巧，为将来的工作和学习打下坚实的基础。此外，本书还注重培养读者的创新思维和审美能力，结合创意设计的案例和方法，激发读者的创作灵感，提升审美水平。

本书特别适合初学者和有一定基础的读者使用。无论您是图像处理初学者，还是平面设计人员，或是需要处理图像的各行各业的人员，本书都能为您提供有力的帮助。同时，本书也适合作为高职院校教材、各类培训机构的教材。希望您在学习本书的过程中，能够保持耐心和热情，不断探索和实践。相信通过本书的学习，您一定能够掌握Photoshop的精髓，创作出令人惊艳的作品，在图像处理领域展现出自己的才华。

本书的出版，得到南京科技职业学院建筑与艺术学院以及南京嗨来广告有限公司的大力支持。感谢各位同仁为本书的内容提供的宝贵意见，感谢许开阳同学为本书提供大量摄影素材。华中科技大学出版社江畅编辑为本书的出版付出了辛勤的劳动，特此致谢！

由于编者水平有限，尽管我们尽力确保内容的准确性和实用性，但书中难免存在不足之处。我们恳请广大读者在阅读过程中不吝指正，提出宝贵的意见和建议。您的反馈将是我们不断改进和完善本书的重要动力。无论是关于技术细节的纠正，还是针对内容结构和呈现方式的建议，我们都将认真倾听、虚心接受。

祝您在Photoshop的学习之旅中取得丰硕的成果！

扫码获取相关学习资料

目录

基础操作篇

进阶实践篇

基础操作篇

Photoshop Shixun Jiaocheng

第 1 章

Photoshop 入门

本章主要讲解 Photoshop 的一些基础知识，内容包括：认识 Photoshop 工作区；在 Photoshop 中进行新建、打开、置入、储存、打印等基本操作；学习在 Photoshop 中查看图像细节的方法；学习操作的撤销与还原方法；了解一部分常用的 Photoshop 设置。

1.1　Photoshop 第一课

正式开始学习 Photoshop 功能之前，你肯定有好多问题想问，如 Photoshop 是什么、Photoshop 能干什么、是否对自己有用、能用 Photoshop 做什么、学 Photoshop 难不难、怎么学 Photoshop。这些问题将在本节中解决。

1.1.1　Photoshop 是什么？

大家口中所说的 PS，也就是 Photoshop CC，全称是 Adobe Photoshop CC，是由 Adobe Systems 开发和发行的图像处理软件，如图 1.1 所示。

为了更好地理解 Photoshop，我们可以把这三个词分开解释。Adobe 就是 Photoshop 所属公司的名称。Photoshop 是软件名称，常被缩写为 PS。CC 是这款 Photoshop 的版本号。就像腾讯 QQ2016 一样，腾讯是企业名称，QQ 是产品的名称，2016 是版本号，如图 1.2 所示。

图 1.1　Photoshop CC 图标

图 1.2　腾讯图标

1.1.2　认识一下 Photoshop

虽然打开了 Photoshop，但是此时我们看到的却不是 Photoshop 的完整样貌，因为当前的软件中并没有能够操作的文档，所以很多功能都未被显示。为了便于学习，我们可以在这里打开一个图片。单击"打开"按钮，在弹出的窗口中选择一个图片，并单击"打开"按钮，文档被打开，Photoshop 的全貌才得以呈现。Photoshop 的工作界面由菜单栏、选项栏、标题栏、工具箱、状态栏、文档区域及多个面板组成，如图 1.3 所示。

图 1.3 工作界面

1. 菜单栏

Photoshop 的菜单栏中包含多个菜单按钮，单击菜单按钮，即可打开相应的菜单列表。每个菜单都包含很多个命令，有的命令还包含多个子命令。有的命令后方带有一连串字母，这些字母就是 Photoshop 的快捷键。例如，"文件"菜单下的"关闭"命令后方显示着"Ctrl＋W"，那么同时按下键盘上的 Ctrl 键和 W 键即可快速使用该命令。

2. 文档区域

执行"文件＞打开"命令，在弹出的打开窗口中随意选择一个图片，单击"打开"按钮就可以在 Photoshop 中打开这张图片，就可以在窗口的左上角位置看到这个文档的相关信息了（名称、格式、窗口缩放比例及颜色模式等）。

3. 工具箱与选项栏

工具箱位于 Photoshop 操作界面的左侧，里面有很多个小图标，每个图标都是工具。有的图标右下角显示着小三角，表示这是个工具组，其中可能包含多个工具。右键单击工具组按钮，即可看到该工具组中的其他工具，将光标移动到某个工具上单击，即可选择该工具。

4. 面板

面板主要用来配合图像的编辑、对操作进行控制以及设置参数等。在默认情况下，面板堆栈位于窗口的右侧。

1.1.3 退出 Photoshop

当不需要使用 Photoshop 时，就可以把软件关闭了。我们可以单击窗口右上角的"关闭"按钮 来关闭软件窗口，也可以执行"文件＞退出"命令（快捷键为 Ctrl＋Q）退出 Photoshop，如图 1.4 所示。

图 1.4　"文件"菜单中的"退出"命令

1.1.4　选择合适的工作区

Photoshop 为不同制图需求的用户提供了多种工作区。执行"窗口＞工作区"命令，在子菜单中可以切换工作区类型。不同工作区的差别主要在于面板的显示，如"3D"工作区显示"3D"面板和"属性"面板，"绘画"工作区更侧重于显示颜色选择以及画笔设置的面板，如图 1.5 和图 1.6 所示。

图 1.5　部分面板

图 1.6　"窗口"菜单工作区选项

1.2　文件操作

熟悉了 Photoshop 的操作界面后，我们就可以开始正式接触 Photoshop 的功能了。打开 Photoshop 之后，我们会发现很多功能都无法使用，这是因为当前的 Photoshop 中没有可以操作的文件。所以我们就需要新建文件，或者打开已有的图像文件。

1.2.1　在 Photoshop 中新建文件

执行"文件>新建"命令（快捷键为 Ctrl＋N），就会打开"新建文档"窗口，如图 1.7 和图 1.8 所示。这个窗口大体可以分为三个部分：顶端是预设的尺寸选项组；左侧是预设选项或最近使用过的项目；右侧是自定义选项设置区域。

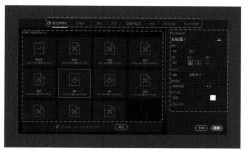

图 1.7　新建文档命令　　　　　　　　　　图 1.8　"新建文档"窗口

1.2.2　在 Photoshop 中打开图像文件

想要处理数码照片，或者想要继续编辑之前的设计方案，就需要在 Photoshop 中打开已有的文件。执行"文件>打开"命令（快捷键为 Ctrl＋O），如图 1.9 所示，在弹出的窗口中找到文件所在的位置，单击选择需要打开的文件，接着单击"打开"按钮，即可在 Photoshop 中打开该文件。

图 1.9　"文件>打开"命令

1.2.3　打开多个文档

在"打开"窗口中可以一次性加选多个文档进行打开，我们可以按住鼠标左键拖曳框选多个文档，

也可以按住 Ctrl 键单击多个文档，然后单击"打开"按钮打开被选中的多张照片，但在默认情况下只能显示其中一张照片，如图 1.10 所示。

虽然我们一次性打开了多个文档，但是窗口中只显示了一个文档。单击文档名称即可切换到相应的文档窗口，如图 1.11 所示。

图 1.10　打开多个文件

图 1.11　切换不同文档

1.2.4　打开最近使用过的文件

打开 Photoshop 后，界面中会显示最近打开文档的缩览图，单击缩览图即可打开相应的文档。若已经在 Photoshop 中打开了文档，那么这个方法便行不通了，此时可以执行"最近打开文件"命令打开使用过的文件。执行"文件＞最近打开文件"命令，在子菜单中单击文件名可以将最近打开文件在 Photoshop 中打开，选择底部的"清除最近"命令可以删除历史打开记录，如图 1.12 和图 1.13 所示。

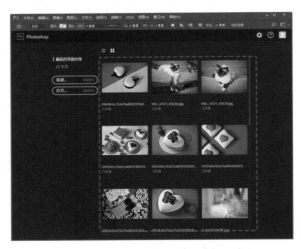

图 1.12　最近打开文件

图 1.13　打开最近使用过的文件

1.2.5　打开为：打开扩展名不匹配的文件

如果要打开扩展名与实际格式不匹配的文件，或者没有扩展名的文件，可以执行"文件＞打开为"命令。打开"打开为"窗口，选择文件并在"打开为"列表中为它指定正确的格式，如图 1.14 所示。如果文件不能打开，则说明选取的格式可能与文件的实际格式不匹配，或者文件已经损坏。

图 1.14　打开扩展名不匹配的文件

1.2.6　置入：向文档中添加其他图片

1. 置入智能对象

在已有的文件中执行"文件＞置入嵌入的智能对象"命令，在弹出的窗口中选择需要置入的文件，单击"置入"按钮，选择的对象会被置入当前文档，此时置入的对象边缘处带有定界框和控制点，如图 1.15 所示。

图 1.15　置入智能对象

2. 将智能对象转换为普通图层

置入后的素材对象会被作为智能对象。操作者在对智能对象进行缩放、定位、斜切、旋转或变形操作时不会降低图像的质量。但是操作者无法直接对智能对象进行内容的编辑（如删除局部、用画笔工具在上方进行绘制等）。如果想要对智能对象的内容进行编辑，操作者要在该图层上单击右键，执行"栅格化图层"命令，将智能对象转换为普通对象，如图 1.16 所示。

图 1.16　智能对象栅格化图层

3. 置入链接的智能对象

执行"文件＞置入链接的智能对象"命令，在弹出的窗口中选择素材图片，使素材以链接的形式置入当前文件，如图 1.17 所示。以链接的形式置入的素材并不是真正存在于 Photoshop 文档中，是通过链接

在Photoshop中显示。原始图片经过修改后，在Photoshop中的该素材的效果也会发生变化。如果链接的文件的储存位置移动，或者更改名称，Photoshop文档可能出现素材丢失的问题。在移动文件位置时要注意链接的素材图像也需要一起移动。链接的形式的优势在于其素材不储存在文档中，所以不会为Photoshop文档增添过多的负担。

1.2.7 打包

"打包"命令（见图1.18）可以收集当前文档中使用过的以链接的形式置入的图片素材。将这些图片文件收集在一个文件夹中，便于用户储存和传输文件。当文档中包含链接的图片素材时，最好在文档制作完成后使用"打包"命令，将可能散落在电脑各个位置中的素材整理出来，避免素材的丢失。

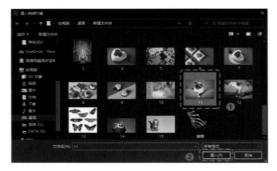

图1.17 置入链接的智能对象

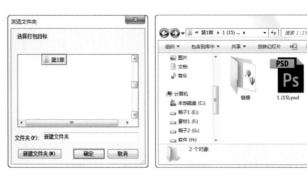

图1.18 打包

准备一个带有链接文件的文档，保存为psd格式，执行"文件＞打包"命令，在弹出的"浏览文件夹"对话框中找到合适的位置，单击"确定"按钮，进行打包，打包完成后找到相对应的文件夹，即可看见psd格式的文档以及链接的素材文件夹。

1.2.8 复制文件

对于已经打开的文件，我们可以使用"图像＞复制"命令将当前文件复制一份，如图1.19所示。当我们想要一个原始效果作为对比时，可以使用该命令复制出体现当前效果的文档，然后在另一个文档上进行操作。

1.2.9 储存文件

当我们对一个文件进行了编辑后，我们可能需要将当前操作保存到当前文件中。这时我们需要执行"文件＞存储"命令（快捷键为Ctrl＋S）。如果文件储存时没有弹出任何窗口，文件会以原始位置进行储存。文件储存时将保留所做的更改，并且会替换掉上一次保存的文件。

如果想要对已经储存过的文件更换位置、名称或者格式进行储存，我们可以执行"文件＞存储为"命令（快捷键为Shift＋Ctrl＋S）打开"另存为"对话框，在"另存为"对话框进行储存位置、文件名、保存类型的设置，设置完毕后单击"保存"按钮，如图1.20所示。

1.2.10 储存格式的选择

储存文件时，在弹出的"另存为"对话框的"保存类型"下拉菜单中可以看到有很多种格式可供选择，如图1.21所示。并不是每种格式都经常使用，选择哪种格式才是正确的呢？下面我们来认识几种常见的图像格式。

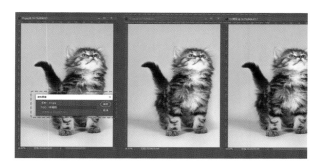

图 1.19　复制文件　　　　　　　　　　　　　图 1.20　储存文件

图 1.21　不同图片格式

PSD：Photoshop 源文件格式，保存所有图层内容。

GIF：动态图片、网页元素。

JPG：最常用的图像格式，方便储存、浏览、上传。

TIFF：高质量图像，保存通道和图层。

PNG：透明背景、无损压缩。

PDF：电子书。

1.2.11　快速导出为

执行 "文件＞导出＞快速导出为 PNG" 命令，可以非常快速地将当前文件导出为 PNG 格式，如图 1.22 所示。这个命令还能快速将文件导出为其他格式，执行 "文件＞导出＞导出首选项" 命令，在弹出的对话框中设置快速导出的格式（在下拉列表还可以看到 JPG、GIF、SVG 格式），在右侧可以进行相应参数的设置（如设置为 JPG），设置完成后在 "文件＞导出" 菜单下就出现了 "快速导出为 JPG" 命令。

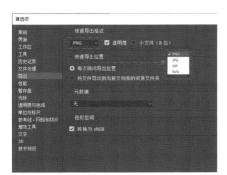

图 1.22　快速导出文件

1.2.12　导出为特定格式、特定尺寸

"导出为"命令可以方便地将文件导出为特定格式、特定尺寸的图片文件。对要导出的文件执行"文件＞导出＞导出为"命令，在弹出的窗口中对导出文件的格式、图像大小、画布大小等参数进行设置（随着参数的设置可以在窗口中预览导出效果），设置完毕后单击"全部导出"按钮，如图1.23所示。

1.2.13　关闭文件

执行"文件＞关闭"命令（快捷键为Ctrl＋W）可以关闭当前所选的文件，如图1.24所示。单击文档窗口右上角的"关闭"按钮，也可以关闭所选文件。执行"文件＞关闭全部"命令或按Alt＋Ctrl＋W快捷键，可以关闭所有打开的文件。

图 1.23　导出为特定格式、特定尺寸的图片文件

图 1.24　关闭文件

1.3　查看图像

在Photoshop中编辑图像文件时，我们有时需要观看画面整体，有时需要放大显示画面的某个局部，这时就可以使用工具箱中的缩放工具以及抓手工具。除此之外，"导航器"面板也可以帮助我们方便地定位到画面某个部分。

1.3.1　缩放工具：放大、缩小、看细节

进行图像编辑时，经常需要对画面细节进行操作，我们可以使用工具箱中的缩放工具将画面的显示比例放大一些。单击工具箱中的"缩放工具"按钮，将光标移动到画面中，单击鼠标左键可以放大图像（如需放大多倍可以多次单击），按下键盘上的Ctrl键和＋键也可以放大图像。

缩放工具既可以放大图像，也可以缩小图像，我们可以在缩放工具的选项栏中切换该工具的模式，如图1.25所示。单击"缩小"按钮可以切换到缩小模式，在画布中单击鼠标左键可以缩小图像，按下键盘上的Ctrl键和－键缩小图像。

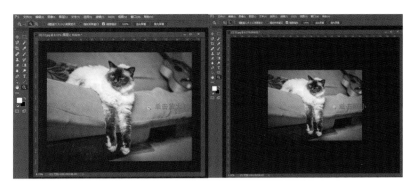

图 1.25　缩放工具

1.3.2　抓手工具：平移画面

当画面显示比例比较大的时候，有些局部画面可能无法显示，我们可以使用工具箱中的抓手工具，在画面中按住鼠标左键并拖动，使界面中显示的图像平移，如图 1.26 所示。

1.3.3　使用导航器查看画面

"导航器"面板包含图像的缩览图和各种窗口缩放工具，用于缩放图像及查看图像特定区域。打开一张图像，执行"窗口＞导航器"命令可以打开"导航器"面板。在"导航器"面板中，我们能够看到整幅图像，红框内的图像在窗口中显示。将光标移动至"导航器"面板中的缩览图上，光标变为抓手形状时，按住左键并拖曳鼠标即可移动图像，如图 1.27 所示。

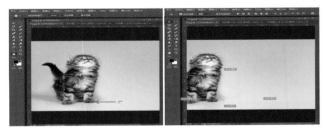

图 1.26　抓手工具

图 1.27　使用导航器查看画面

1.3.4　旋转视图工具

右键单击"抓手工具组"按钮可以看到其中还有一个"旋转视图工具"按钮（见图 1.28），单击该按钮，在画面中按住鼠标左键并拖动可以看到整个图像界面发生旋转（也可以在选项栏中设置特定的旋转角度）。旋转视图工具旋转的是画面的显示角度，而不是对图像本身进行旋转。

1.3.5　使用不同的屏幕模式

工具箱最底部有一个切换"屏幕模式"按钮，单击该按钮可以在弹出的菜单中选择屏幕模式（标准屏幕模式、带有菜单栏的全屏模式和全屏模式），如图 1.29 所示。

图 1.28　旋转视图工具

图 1.29　屏幕模式

1.4　错误操作的处理

当我们使用画笔和画布绘画时，如果画错了，我们要很费力地擦掉或者盖住；在暗房中冲洗照片时，如果出现失误，照片可能就无法挽回了。与此相比，使用 Photoshop 等数字图像处理软件最大的便利之处就在于能够"重来"。操作出现错误时，简单一个命令就可以轻轻松松地"回到从前"。

1.4.1　撤销与还原操作

执行"编辑＞还原状态更改"命令（快捷键为 Ctrl＋Z），可以撤销最近的一次操作，将图像还原到上一步操作状态，如图 1.30 所示。如果想要取消还原操作，可以执行"编辑＞重做"命令。这个操作仅限于一个操作步骤的还原与重做，所以使用得并不多。

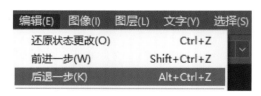

图 1.30　撤销与还原操作

1.4.2　恢复文件

对一个文件进行了一些操作后，执行"文件＞恢复"命令可以直接将文件恢复到最后一次保存时的状态。如果一直没有进行过储存操作，则可以恢复到刚打开文件时的状态。

1.4.3　使用"历史记录"面板还原操作

在 Photoshop 中，对文档进行过的编辑操作被称为"历史记录"。"历史记录"面板（见图 1.31）是

Photoshop 中用于记录文件进行过的操作的面板。执行"窗口＞历史记录"命令可以打开"历史记录"面板。当我们对文档进行一些编辑操作时，会发现"历史记录"面板中会出现我们刚刚进行的操作条目。单击其中某一项"历史记录"，就可以使文档返回之前的编辑状态。

图 1.31 "历史记录"面板

1.5 打印设置

设计作品制作完成后，我们经常要将设计作品打印为纸质的实物。进行打印前，我们要设置合适的打印参数。

执行"文件＞打印"命令，打开"打印"窗口就可以进行打印参数的设置，如图 1.32 所示。

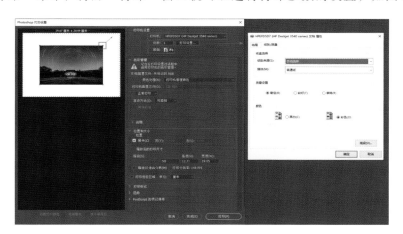

图 1.32 打印参数设置

1.6 综合实例

使用"新建"命令、"置入"命令、"存储"命令制作饮品广告，如图 1.33 所示。

图 1.33　饮品广告效果图

Photoshop Shixun Jiaocheng

第 2 章

Photoshop 基本操作

通过第1章的学习，我们已经能够在Photoshop中打开照片或创建新的文件，并且能够在已有的文件中添加一些漂亮的装饰素材。本章将介绍Photoshop的基本操作。由于Photoshop是典型的图层制图软件，我们在学习其他操作之前必须充分理解图层的概念，并熟练掌握图层的基本操作方法，在此基础上学习画板，剪切、拷贝、粘贴图像，图像的变形以及辅助工具的使用方法。

2.1 调整图像的尺寸及方向

调整照片大小的操作是我们经常会遇到的：证件照上传到网上的报名系统时要求尺寸在500像素以内；将相机拍摄的照片作为手机壁纸时将横版照片裁剪为竖版照片；将图片的大小限制在1 MB以下。

2.1.1 调整图像尺寸

想要调整照片的尺寸，可以使用"图像大小"命令。选择需要调整尺寸的文件，执行"图像>图像大小"命令，打开"图像大小"对话框，如图2.1所示。

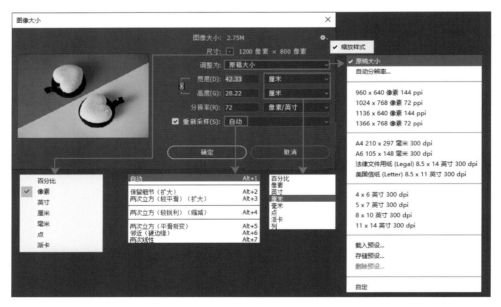

图2.1 "图像大小"对话框

2.1.2 修改画布大小

使用"图像>画布大小"命令打开"画布大小"对话框，可以调整可编辑的画面范围，如图2.2所示。在"宽度"和"高度"后输入数值可以设置修改后的画布尺寸。如果勾选"相对"选项，"宽度"和"高度"数值将代表实际增加或减少的区域的大小，而不再代表整个文档的大小。输入正值表示增加画布，输入负值表示减小画布。

2.1.3　使用裁剪工具

当我们想要裁掉画面中的部分内容时，最方便的方法就是使用工具箱中的裁剪工具直接在画面中绘制出需要保留的区域，如图2.3所示。

图2.2　"画布大小"对话框

图2.3　裁剪工具选项

2.1.4　使用透视裁剪工具

透视裁剪工具可以在对图像进行裁剪的同时调整图像的透视效果，常用于去除图像中的透视感或为图像添加透视感，也用于在带有透视感的图像中提取局部图象，如图2.4至图2.6所示。

图2.4　透视裁剪工具

图2.5　透视裁剪工具的使用

图2.6　透视裁剪工具使用后的效果图

2.1.5　使用"裁剪"与"裁切"命令

"裁剪"命令与"裁切"命令都可以对画布大小进行一定的修整。但是二者有很明显的不同，"裁剪"命令可以基于选区或裁剪框裁剪画布，"裁切"命令可以根据像素颜色差别裁切画布。执行"图像＞裁剪"命令可以将选区以外的画布裁剪掉，如图2.7所示。

执行"图像＞裁切"命令可以在弹出的对话框中选择基于哪个位置的像素的颜色进行裁切，然后设置裁切的位置，如图2.8所示。勾选"左上角像素颜色"选项可以将画面中与左上角颜色相同的画布裁切掉。

图 2.7　裁剪画布　　　　　　　　　　　　　　　　图 2.8　裁切画布

2.1.6　旋转画布

使用相机拍摄照片时，照片会因为相机朝向呈横向或者竖向，这个问题可以通过"图像＞图像旋转"下的子命令解决，如图 2.9 和图 2.10 所示。

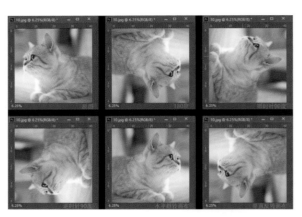

图 2.9　图像旋转　　　　　　　　图 2.10　图像旋转不同角度的效果图

2.2　掌握图层的基本操作

Photoshop 是一款以图层为基础操作单位的制图软件。图层是在 Photoshop 软件中进行一切操作的载体。从名称上来看，图层为图＋层，图即图像，层即分层、层叠。简而言之，图层就是以分层的形式显示的图像。如图 2.11 所示，甲壳虫处在花朵盛开的草地上，甲壳虫身上还有老式电话的话筒和拨盘。这个作品实际上是通过处于不同图层上的大量不相干的元素堆叠形成的。每个图层就像一个透明玻璃，最顶部的"玻璃板"上的是话筒和拨盘，中间的"玻璃板"上的是甲壳虫，最底部的"玻璃板"上的是草地、花朵。将这些"玻璃板"（图层）按照顺序依次堆叠摆放在一起，就呈现出了完整的作品。

"图层"模式是一个非常便利的操作方式。当我们想要在画面中添加一些元素时，可以新建一个空白图层，然后在新的图层中绘制内容。这样，我们不仅可以随便移动新绘制图层的位置，而且可以在不影响其他图层的情况下进行内容的编辑。打开一张图片置于背景图层，在一个新的图层上绘制一些白色的斑点；由于白色斑点在另一个图层上，我们可以单独移动这些白色斑点的位置，还可以对白色斑点进行大小和颜色的调整，而不会影响原始内容，如图 2.12 所示。

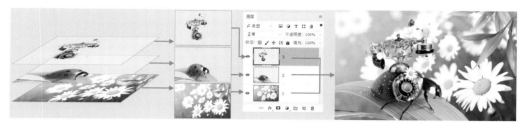

图 2.11　图层示例

图 2.12　图层特征

Photoshop 的图层之间可以进行"混合"，如上方的图层的不透明度降低，逐渐显现出下方图层，或者设置特定的"混合模式"使画面呈现出奇特的效果，如图 2.13 和图 2.14 所示。

图 2.13　图层透明度调整

图 2.14　图层混合模式调整

了解了图层的特性后，我们来看一下图层的"大本营"——"图层"面板。执行"窗口＞图层"命令可以打开"图层"面板，如图 2.15 所示。

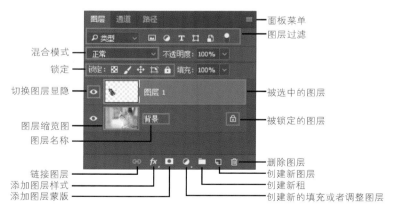

图 2.15　"图层"面板介绍

"图层"面板常用于新建图层、删除图层、选择图层、复制图层等图层的管理操作，还可以进行图层的混合模式的设置，以及添加和编辑图层样式等操作。

2.3 画板

近几个版本的 Photoshop 中添加了"画板"功能，稍早期的版本（如 Photoshop CC）中并没有"画板"这一概念。在旧版本的 Photoshop 中，想要制作多页面的文档通常需要创建多个文件，在新的 Photoshop CC 2017 中，可以在一个文档中创建出多个画板，既方便多页面的同步操作，又能够很好地观察整体效果。

2.3.1 从图层新建画板

首先我们需要选择一个普通图层，然后执行"图层＞新建＞来自图层的画板"命令或者在图层上单击鼠标右键执行"来自图层的画板"命令，接着在弹出的"从图层新建画板"对话框中，设置一个合适的名称，然后设置"宽度"与"高度"的数值，最后单击"确定"按钮新建一个画板，如图 2.16 和图 2.17 所示。

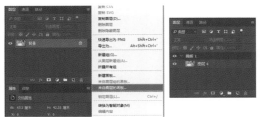

图 2.16　从图层新建画板

图 2.17　"从图层新建画板"对话框

单击画板边缘的"添加新画板"按钮 即可新建一个与当前画板等大的新画板，如单击画板右侧的按钮即可在现有画板的右侧新建画板，如图 2.18 所示。

2.3.2 使用画板工具

我们可以选择工具箱中的"画板工具"，如图 2.19 所示，在选项栏中设置画板的"宽度"与"高度"，单击"添加新画板"按钮，在空白区域单击新建画板。

图 2.18　新建画板效果

图 2.19　画板工具

2.4　剪切、拷贝、粘贴图像

　　剪切、拷贝、粘贴相信大家都不陌生，剪切是将某个对象暂时储存到剪贴板备用，并将对象从原位置删除；复制是保留原始对象并复制到剪贴板中备用；粘贴是将剪贴板中的对象提取到当前位置。

　　想要使不同位置出现相同的图像需要使用"复制""粘贴"命令，想要将某个部分的图像从原始位置去除并移动到其他位置，需要使用"剪切""粘贴"命令。

2.4.1　剪切与粘贴

　　"剪切"就是暂时将选中的图像放入计算机的剪贴板中，而选择的区域中的图像就会消失，如图2.20至图2.23所示。通常"剪切"与"粘贴"一同使用。

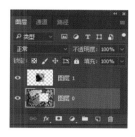 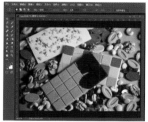  

图2.20　剪切：选择图层　　图2.21　剪切：选择区域　　图2.22　剪切：移动选中图像　　图2.23　剪切：删除选中图像

2.4.2　拷贝

　　创建选区后，执行"编辑＞拷贝"命令或按Ctrl＋C快捷键可以将选区中的图像拷贝到计算机的剪贴板中，执行"编辑＞粘贴"命令或按Ctrl＋V快捷键可以将拷贝的图像粘贴到画布中并生成一个新的图层，如图2.24和图2.25所示。

图2.24　拷贝：选择区域　　　　　　　　图2.25　拷贝：粘贴

2.4.3　合并拷贝

　　合并拷贝就是将文档内所有可见图层拷贝并合并到剪贴板中。打开一个有多个图层的文档，执行

"选择＞全选"命令或按 Ctrl＋A 快捷键全选当前图像，然后执行"编辑＞选择性拷贝＞合并拷贝"命令或按 Ctrl＋Shift＋C 快捷键，可以将所有可见图层拷贝并合并到剪贴板中，如图 2.26 和图 2.27 所示。接着新建一个空白文档，使用 Ctrl＋V 快捷键可以将合并拷贝的图像粘贴到当前文档或其他文档。

图 2.26　合并拷贝：选中图像　　　图 2.27　合并拷贝：合并拷贝

2.4.4　清除图像

使用"清除"命令可以删除选区中的图像。使用矩形选框工具绘制一个矩形选区，执行"编辑＞清除"命令或者按一下键盘上的 Delete 键可以进行删除，如图 2.28 和图 2.29 所示。软件会弹出"填充"对话框，在该对话框中设置填充的内容（如选择"背景色"），单击"确定"按钮可以看到选区中原有的像素消失了，而以"背景色"进行填充。选择一个"普通图层"，绘制一个选区，按一下 Delete 键进行删除即可看到选区中的像素消失了。

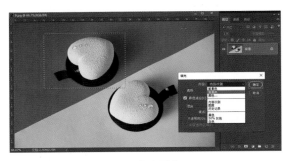　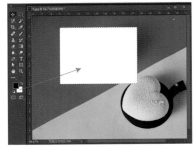

图 2.28　清除图像　　　　　　　　图 2.29　清除后的效果

2.5　变换与变形

软件在"编辑"菜单中提供了多种对图层进行各种变形的命令："内容识别缩放"命令、"操控变形"命令、"透视变形"命令、"自由变换"命令、"变换"命令（"变换"命令与"自由变换"命令的功能基本相同，使用"自由变换"命令更方便一些）、"自动对齐图层"命令、"自动混合图层"命令。

2.5.1　自由变换：缩放、旋转、扭曲、透视、变形

在制图过程中，我们经常需要调整图层的大小、角度，有时也需要对图层的形态进行扭曲、变形，

这些都可以通过"自由变换"命令实现。选中需要变换的图层，执行"编辑＞自由变换"命令（快捷键为Ctrl＋T），此时对象进入自由变换状态，四周出现界定框，四角处以及界定框四边的中间都有控制点，如图2.30所示。若要完成变换，可以按键盘上的Enter键；如果要取消正在进行的变换操作，可以按下键盘左上角的Esc键。

2.5.2　内容识别缩放

执行"编辑＞内容识别缩放"命令调出定界框，进行横向缩放，可以看到画面中主体物并未发生变形，而颜色较为统一的位置则进行了缩放，如图2.31和图2.32所示。

图2.30　自由变换

图2.31　内容识别缩放：原图

图2.32　内容识别缩放：执行后的效果图

2.5.3　操控变形

"操控变形"命令通常用来修改人物的动作、发型，缠绕的藤蔓。该功能通过可视网格，以添加控制点的方法扭曲图像。

2.5.4　透视变形

"透视变形"命令可以对图像现有的透视关系进行变形。执行"编辑＞透视变形"命令，在画面中单击或者按住鼠标左键拖曳绘制透视变形网格；根据透视关系拖曳控制点，调整控制框的形状；单击选项栏中的"变形"按钮，拖曳控制点进行变形，随着控制点的调整，画面中的透视也在发生着变化；变形完成后按一下键盘上的Enter键确定变形操作。

2.5.5　自动对齐图层

爱好摄影的朋友们可能会遇到这样的情况：在拍摄全景图时，由于拍摄条件的限制，可能会需要拍摄多张照片，然后在后期进行拼接，如图2.33所示。使用"自动对齐图层"命令可以快速将单个图片组合成一张全景图，如图2.34和图2.35所示。

图2.33　多张照片叠放效果

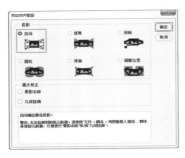

图 2.34　"自动对齐图层"对话框

图 2.35　执行后的效果图

2.5.6　自动混合图层

　　"自动混合图层"功能可以自动识别画面内容，并根据需要对每个图层应用图层蒙版，以遮盖过度曝光或曝光不足的区域或内容差异。使用"自动混合图层"命令可以缝合或者组合图像，从而在最终图像中获得平滑的过渡效果，如图 2.36 至图 2.38 所示。

图 2.36　两张素材图片

图 2.37　"自动混合图层"对话框

图 2.38　自动混合图层效果图

2.6　常用辅助工具

　　Photoshop 提供了多种非常方便的辅助工具：标尺、参考线、智能参考线、网格、对齐等。使用这些工具可以帮助我们轻松制作出尺度精准的对象和排列整齐的版面。

2.6.1　标尺

　　执行"文件＞打开"命令打开一张图片，执行"视图＞标尺"命令（快捷键为 Ctrl＋R），看到窗口顶部和左侧出现标尺，如图 2.39 所示。

2.6.2　参考线

参考线工具是一款常用的辅助工具，在平面设计中尤为适用。当我们想要制作整齐的元素时，徒手移动很难保证元素整齐排列。使用快捷键Ctrl＋R打开标尺，将光标放置在水平标尺上，按住鼠标左键向下拖曳即可拖出水平参考线，如图2.40所示；将光标放置在左侧的垂直标尺上，按住鼠标左键向右拖曳即可拖出垂直参考线，如图2.41所示。

图2.39　标尺

图2.40　水平参考线

图2.41　垂直参考线

2.6.3　智能参考线

智能参考线是一种会在绘制、移动、变换等情况下自动出现的参考线，可以帮助我们对齐特定对象。例如，当我们使用移动工具移动某个图层时，移动过程中与其他图层对齐时就会显示出洋红色的智能参考线，而且会提示图层之间的间距，如图2.42和图2.43所示。

2.6.4　网格

网格主要用来对齐对象，我们可以借助网格更精准地确定绘制对象的位置。尤其是在制作标志、绘制像素画时，网格是必不可少的辅助工具。网格在默认情况下显示为不打印出来的线条。打开一张图片，执行"视图＞显示＞网格"命令，就可以在画布中显示出网格，如图2.44所示。

图2.42　移动图形

图2.43　移动时出现智能参考线

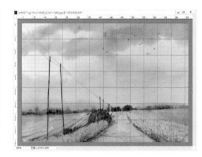

图2.44　网格

2.6.5　对齐

在我们进行移动、变换或者创建新图形时，经常会感受到对象自动被"吸附"到另一个对象的边缘或者某些特定位置，这是因为开启了"对齐"功能。"对齐"功能有助于精确地放置选区、裁剪选框、切片等。执行"视图＞对齐"命令可以切换"对齐"功能的开启与关闭。我们可以在"视图＞对齐到"菜单下设置可对齐的对象，如图2.45所示。

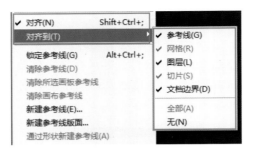

图 2.45　"对齐"菜单

2.7　综合实例

利用复制和自由变换制作建党周年竖版海报，如图2.46所示。

图 2.46　竖版海报效果图

Photoshop Shixun Jiaocheng

第 3 章

选区与填色

本章主要讲解最基本、最常见的选区的绘制方法，介绍选区的基本操作（如移动、变换、显隐、储存等操作），在此基础上介绍选区形态的编辑。学会了选区的使用方法后，我们可以对选区进行颜色、渐变的设置以及图案的填充。

3.1　创建简单选区

Photoshop中包含多种选区制作工具，我们将介绍的是一些基本的选区绘制工具。我们可以通过这些工具绘制长方形选区、正方形选区、椭圆选区、正圆选区、细线选区、随意的选区以及随意的带有尖角的选区等，如图3.1所示。

图3.1　使用不同选区工具绘制选区

3.1.1　矩形选框工具

矩形选框工具可以创建出矩形选区与正方形选区，如图3.2和图3.3所示。

图3.2　矩形选框工具的使用

图3.3　使用矩形选框工具拉出正方形选区

3.1.2　椭圆选框工具

椭圆选框工具主要用来制作椭圆选区和正圆选区，如图3.4和图3.5所示。

图 3.4　椭圆选框工具的使用　　　　图 3.5　使用椭圆选框工具拉出正圆选区

3.1.3　单行、单列选框工具

单行选框工具、单列选框工具主要用来创建高度或宽度为 1 像素的选区，常用来制作分割线以及网格效果，如图 3.6 所示。

3.1.4　套索工具：绘制随意的选区

套索工具可以绘制出不规则形状的选区。例如需要随意选择画面中的某个部分，或者绘制一个不规则的图形，可以使用套索工具。使用方法为选择"套索工具"，按住鼠标左键勾画区域，最后回到起点闭合，生成选区，如图 3.7 所示。

图 3.6　单行选框工具　　　　　　　图 3.7　套索工具

3.1.5　多边形套索工具：创建带有尖角的选区

多边形套索工具能够创建转角比较平直的选区，如楼房、书本等对象的选区，如图 3.8 和图 3.9 所示。

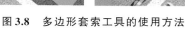

图 3.8　多边形套索工具的使用方法　　　　图 3.9　使用多边形套索工具后形成的选区

3.2 选区的基本操作

我们可以对创建完成的选区进行如下操作：移动、全选、反选、取消选择、重新选择、储存与载入等。

3.2.1 取消选区

绘制了一个选区后，我们会发现操作都是针对选区内部的图像进行的。我们如果不需要对局部进行操作，就可以取消选区。执行"选择＞取消选择"命令或按Ctrl＋D快捷键，可以取消选区状态。

3.2.2 重新选择

如果失误取消了选区，可以将选区恢复。要恢复被取消的选区，可以执行"选择＞重新选择"命令。

3.2.3 移动选区位置

创建完的选区可以进行移动，但是选区的移动不能使用移动工具，而要使用选区工具，否则移动的内容将是图像，而不是选区，如图3.10所示。

3.2.4 全选

"全选"功能能够选择当前文档边界内的全部图像。执行"选择＞全部"命令或按Ctrl＋A快捷键即可进行全选。

3.2.5 反选

先创建出中间部分的选区（在图中被填充了网格的区域），然后执行"选择＞反向选择"命令（快捷键为Shift＋Ctrl＋I），可以选择反向的选区（也就是原本没有被选择的部分），如图3.11所示。

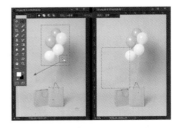

图3.10　移动选区位置

图3.11　反向选择

3.2.6 储存选区、载入储存的选区

在Photoshop中，选区是一种"虚拟对象"，无法直接被储存在文档中，而且一旦取消，选区就不复

存在了。如果在制图过程中，某个选区需要多次使用，可以借助"通道"功能将选区储存起来，如图3.12所示。

图3.12　利用"通道"功能储存选区

3.2.7　载入当前图层的选区

在操作过程中，我们经常需要得到某个图层的选区。例如，文档内有两个图层时，我们可以在"图层"面板中按住Ctrl键并单击图层缩览图，即可载入该图层选区，如图3.13所示。

图3.13　载入当前图层的选区

3.3　颜色设置

我们想画一幅画时，首先想到的是纸、笔、颜料。在Photoshop中，文档相当于纸，画笔工具相当于笔，颜色相当于颜料。需要注意的是，设置好的颜色不仅可以用于画笔工具，而且可以用于渐变工具、"填充"命令、颜色替换画笔，甚至可以用于滤镜。

3.3.1　认识"前景色"与"背景色"

在学习颜色的具体设置方法之前，我们先认识一下"前景色"和"背景色"。工具箱的底部有前景色和背景色设置按钮（在默认情况下，前景色为黑色，背景色为白色），如图3.14所示。我们可以单击设置按钮，在弹出的"拾色器"面板中选取一种颜色作为前景色、背景色。单击双向箭头图标可以切换所设置的前景色和背景色（快捷键为X），如图3.15所示。单击黑白色块图标可以恢复默认的前景色和背景色（快捷键为D），如图3.16所示。

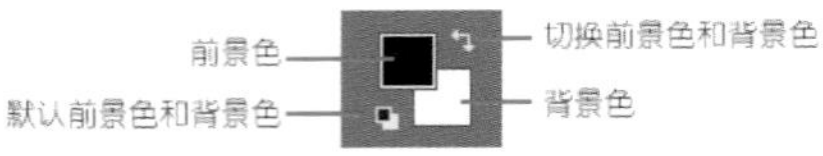

图 3.14 前景色和背景色设置按钮

图 3.15 切换前景色、背景色

图 3.16 恢复默认前景色、背景色

3.3.2 在"拾色器"面板中选取颜色

认识了前景色与背景色之后，我们可以单击"前景色"或"背景色"的小色块使 "拾色器"面板弹出。"拾色器"是 Photoshop 中最常用的颜色设置工具，不仅可以在设置前景色、背景色时使用，而且可以在很多颜色设置（如文字颜色、矢量图形颜色设置等）时使用。

以设置前景色为例，单击工具箱底部的设置按钮，在弹出的"拾色器"面板（见图3.17）拖动颜色滑块到相应的色相范围内，将光标放在左侧色的"色域"中，单击即可选择颜色，设置完毕后单击"确定"按钮完成操作。如果想要设定精确的颜色，我们可以在"颜色值"处输入数字。设置完毕后，前景色会发生变化。

图 3.17 "拾色器"面板

3.3.3 使用"色板"面板选择颜色

执行"窗口＞色板"命令，打开"色板"面板，单击颜色块即可将其设置为前景色，按住 Ctrl 键并单击颜色块即可将其设置为背景色，如图3.18所示。

3.3.4 吸管工具：选取画面中的颜色

吸管工具可以吸取图像的颜色作为前景色或背景色，如图3.19所示。选择 "吸管工具"，在图像中单

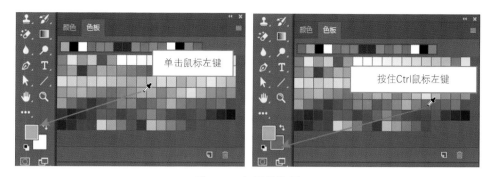

图 3.18 色板的使用

击，此时拾取的颜色将作为前景色。按住 Alt 键，然后单击图像中的区域，此时拾取的颜色将作为背景色。

3.3.5 "颜色"面板

执行"窗口＞颜色"命令可以打开"颜色"面板，如图3.20所示。"颜色"面板中显示了当前设置的前景色和背景色，我们可以在该面板中设置前景色和背景色。

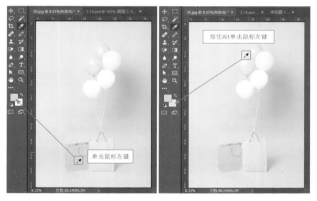

图 3.19 吸管工具

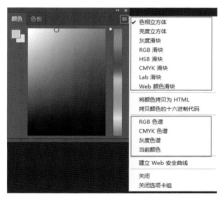

图 3.20 "颜色"面板

3.4 填充与描边

有了选区后，我们不仅可以删除画面中选区内的部分，而且可以对选区内部进行填充。Photoshop中有多种填充方式，可以填充不同的内容。需要注意的是，没有选区也可以进行填充。除了填充，我们还可以在包含选区的情况下对选区边缘进行描边。

3.4.1 快速填充前景色、背景色

前景色或背景色的填充是非常常用的，所以我们通常使用快捷键进行操作，如图3.21所示。选择一个图层或者绘制一个选区，设置合适的前景色，使用前景色填充快捷键（Alt＋Delete）进行填充；设置合适的背景色，使用背景色填充快捷键（Ctrl＋Delete）进行填充。

3.4.2 使用"填充"命令

执行"编辑＞填充"命令（快捷键为 Shift＋F5）可以打开"填充"对话框，如图 3.22 所示。我们可以在对话框中设置填充的内容，还可以进行混合的设置，设置完成后单击"确定"按钮进行填充。需要注意的是，文字图层、智能对象等特殊图层以及被隐藏的图层不能使用"填充"命令。

  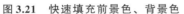

图 3.21　快速填充前景色、背景色　　　　　　图 3.22　"填充"对话框

3.4.3 油漆桶工具

右键单击工具箱中的"渐变工具组"按钮，在其中选择"油漆桶工具"，如图 3.23 所示。在选项栏中设置填充模式为"前景色"，设置"容差"为"120"，其他参数保持为默认值，在需要填充的位置单击即可填充颜色。可见，使用油漆桶工具进行填充无须先绘制选区，而是通过容差控制填充区域的大小。容差越大，填充的范围越大；容差越小，填充的范围越小。如果是空白图层，前景色会完全填充到整个图层。

图 3.23　油漆桶工具

3.4.4 定义图案预设

如果想要图像中的局部作为图案，可以如下操作：框选出想要的部分，如图 3.24 所示；执行"编辑＞定义图案"命令，在弹出的"图案名称"对话框中设置一个合适的名称，单击"确定"按钮完成图案的定义，如图 3.25 所示；选择工具箱中的"油漆桶工具"，在选项栏中设置填充模式为"图案"，在下拉面板的最底部选择刚刚定义的图案，单击进行填充，如图 3.26 所示。

图 3.24　选择图像区域

图 3.25　定义图案名称

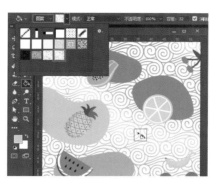

图 3.26　利用油漆桶工具进行填充

3.4.5　图案的储存与载入

在"油漆桶工具"选项栏中打开"图案"下拉面板（见图3.27），因为"存储图案"命令储存的图案是整个面板中的图案，我们可以先将不需要的图案删除，在不需要的图案上单击执行"删除图案"命令即可将图案删除（见图3.28），单击面板右上角的设置按钮执行"存储图案"命令。

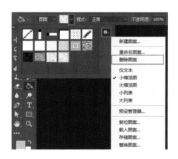

图 3.27　图案储存　　　　　　　　　　　　　　　　　　　图 3.28　图案删除

在弹出的"另存为"对话框中选择一个合适的位置，设置合适的文件名称，设置文件类型为".PAT"，单击"确定"按钮，就可以在储存位置看到该文件了。

若要载入图案库，我们可以打开"图案"下拉面板并单击设置按钮执行"载入图案"命令，在弹出的"载入"窗口中找到图案库的位置，单击选择图案库，单击"载入"按钮完成载入，如图3.29所示。

3.4.6　渐变工具

选择工具箱中的"渐变工具"，单击选项栏中"渐变色条"后侧的下拉菜单按钮，在下拉面板中可选中渐变色。单击选择后，渐变色条变为选择的颜色，用来预览。在不考虑选项栏中其他选项的情况下，我们就可以进行填充了。选择一个图层或者绘制一个选区，按住鼠标左键拖动，松开鼠标即可完成填充操作，如图3.30所示。

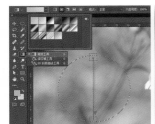

图 3.29　图案载入　　　　　　　　　　图 3.30　渐变工具的使用及渐变效果

3.4.7　创建纯色、渐变、图案填充图层

填充图层是一种比较特殊的图层，可以是纯色、渐变或图案填充图层。与普通图层相同，填充图层也可以进行设置混合模式、不透明度、图层样式以及编辑蒙版等操作。执行"图层＞新建填充图层"命令，在子菜单中可以看到纯色、渐变、图案三个子命令。

1. 创建纯色填充图层

执行"图层＞新建填充图层＞纯色"命令，可以打开"新建图层"对话框（见图 3.31），在该对话框中设置填充图层的名称、颜色、混合模式和不透明度，在"新建图层"对话框中设置好相关选项以后，单击"确定"按钮打开"拾色器"面板，拾取一种颜色（见图 3.32），单击"确定"按钮即可创建一个纯色填充图层（见图 3.33）。

图 3.31　新建纯色填充图层

图 3.32　选择填充颜色　　　　　　　图 3.33　新建完成纯色填充图层

2. 创建渐变填充图层

执行"图层＞新建填充图层＞渐变"命令，在弹出的"新建图层"对话框（见图 3.34）中设置合适的名称、颜色、混合模式和不透明度，单击"确定"按钮弹出"渐变填充"对话框，单击渐变色条打开"渐变编辑器"，编辑一个合适的颜色（见图 3.35），单击"确定"按钮完成颜色的设置，在"渐变填充"对话框中设置渐变颜色的样

图 3.34　新建渐变填充图层

式、角度、缩放等参数，单击"确定"按钮完成渐变填充图层新建（见图3.36）。

图3.35　设置渐变

图3.36　新建完成渐变填充图层

3. 创建图案填充图层

执行"图层＞新建填充图层＞图案"命令，在弹出的"新建图层"对话框（见图3.37）中设置合适的名称、颜色、混合模式和不透明度，单击"确定"按钮弹出"图案填充"对话框，在该对话框中单击图案右侧的"倒三角"按钮，在下拉面板中选择一个合适的图案（见图3.38），对图案的缩放、与图层链接等参数进行设置，设置完成后单击"确定"按钮完成图案填充图层新建（见图3.39）。

图3.37　新建填充图层

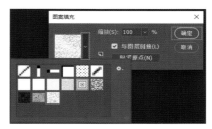

图3.38　设置图案

3.4.8　描边

描边指的是为图层边缘或者选区边缘添加一圈彩色边线的操作。执行"编辑＞描边"命令或按Alt＋E＋S快捷键可以打开"描边"对话框，如图3.40所示。

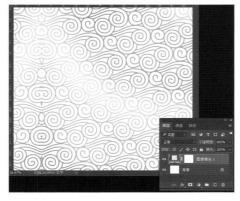

图3.39　新建完成图案填充图层

图3.40　"描边"对话框

3.5　焦点区域

　　"焦点区域"命令（见图3.41）能够自动识别画面中处于拍摄焦点范围内的图像，并制作这部分的选区。使用"焦点区域"命令可以快速获取图像中清晰部分的选区，常用来进行抠图操作。执行"选择＞焦点区域"命令打开"角点区域"对话框，无须设置，稍等片刻画面中即可创建出选区。

图3.41　使用"焦点区域"命令快速获取图像中清晰部分的选区

3.6　选区的编辑

　　选区创建完成后，我们可以对已有的选区进行编辑，如缩放选区、旋转选区、调整选区边缘、创建边界选区、平滑选区、扩展与收缩选区、羽化选区、扩大选取、选取相似等，熟练掌握这些操作对于快速选择需要的部分非常重要。

3.6.1　变换选区：缩放、旋转、扭曲、透视、变形

　　选区也可以像图像一样进行变换，但选区的变换不能使用"自由变换"命令，要使用"变换选区"命令。执行"选择＞变换选区"命令（快捷键为Alt＋S＋T）调出定界框，拖曳控制点即可对选区进行变形，如图3.42所示。

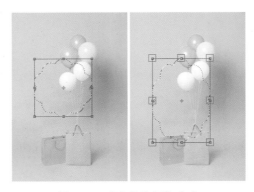

图3.42　"变换选区"命令

3.6.2　选择并遮住：细化选区

　　"选择并遮住"命令是一个既可以对已有选区进行进一步编辑，又可以重新创建选区的功能。该命令可以对选区进行边缘检测，调整选区的平滑度、羽化、对比度以及边缘位置。"选择并遮住"命令可以智能细化选区，所以常用于头发、动物、细密的植物的抠图。

　　执行"选择＞选择并遮住"命令，Photoshop界面会发生改变，左侧为一些用于调整选区以及视图的工具，左上方为所选工具的选项，右侧为选区编辑选项，如图3.43所示。

3.6.3　创建边界选区

　　"边界"命令作用于已有的选区，可以将选区的边界向内或向外扩展，扩展得到的选区边界将与原来的选区边界形成新的选区。创建一个选区，执行"选择＞修改＞边界"命令，在弹出的对话框中设置"宽度"（宽度越大，新选区越宽），设置完成后单击"确定"按钮，如图3.44所示。

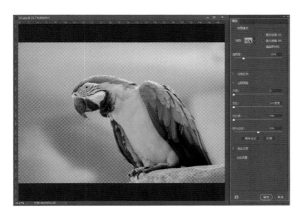

图3.43　选择并遮住：细化选区

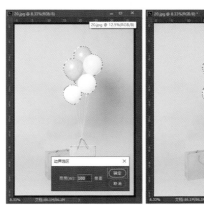

图3.44　"边界"选区对话框设置及执行"边界"命令结果

3.6.4　平滑选区

　　"平滑"命令可以将参差不齐的选区边缘平滑化。绘制一个选区，执行"选择＞修改＞平滑"命令，在弹出的"平滑选区"对话框中设置取样半径（数值越大，选区越平滑），设置完成后单击"确定"按钮，如图3.45和图3.46所示。

图3.45　"平滑选区"对话框设置

图3.46　执行"平滑"命令结果

3.6.5 扩展选区

"扩展"命令可以将选区向外延展，以得到较大的选区。绘制一个选区，执行"选择＞修改＞扩展"命令，打开"扩展选区"对话框，通过设置扩展量控制选区向外扩展的距离（数值越大，距离越远），参数设置完成后单击"确定"按钮，如图3.47和图3.48所示。

图 3.47 　"扩展选区"对话框设置　　　　　　图 3.48 　执行"扩展"命令结果

3.6.6 收缩选区

"收缩"命令可以将选区向内收缩，使选区范围变小。绘制一个选区，执行"选择＞修改＞收缩"命令，在弹出的"收缩选区"对话框中通过设置收缩量控制选区收缩的大小（数值越大，收缩范围越大），设置完成后单击"确定"按钮，如图3.49和图3.50所示。

图 3.49 　"收缩选区"对话框设置　　　　　　图 3.50 　执行"收缩"命令结果

3.6.7 羽化选区

"羽化"命令可以将边缘较"硬"的选区变为边缘比较柔和的选区。羽化半径越大，选区边缘越柔和。"羽化"命令通过建立选区和选区周围像素之间的转换边界来模糊边缘，这种模糊方式将使选区边缘的一些细节丢失。

绘制一个选区，执行"选择＞修改＞羽化"命令（快捷键为Shift＋F6）打开"羽化选区"对话框，在该对话框中设置羽化半径来设置边缘模糊的强度（数值越高，边缘模糊范围越大），参数设置完成后单击"确定"按钮，如图3.51和图3.52所示。按一下键盘上的Delete键删除选区中的像素，可以查看羽化效果。

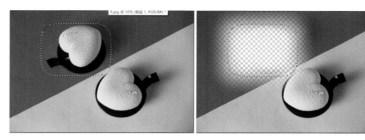

图3.51　"羽化选区"对话框设置　　　　　　图3.52　执行"羽化"命令结果

3.6.8　扩大选取

"扩大选取"命令基于"魔棒工具"选项栏中指定的容差来决定选区的扩展范围。

绘制一个选区，选择工具箱中的"魔棒工具"，在选项栏中设置容差（数值越大，所选取的范围越广），设置完成后执行"选择＞扩大选取"命令（没有参数设置窗口），Photoshop会查找并选择那些与当前选区中像素色调相近的像素，从而扩大选择区域，如图3.53和图3.54所示。

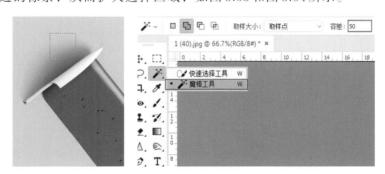

图3.53　扩大选取操作参数设置

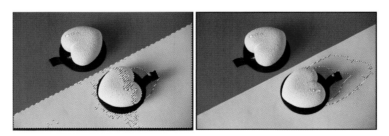

图3.54　不同容差的结果对比

3.6.9　选取相似

"选取相似"命令基于"魔棒工具"选项栏中指定的容差来决定选区的扩展范围。绘制一个选区，执行"选择＞选取相似"命令，Photoshop会查找并选择那些与当前选区中像素色调相近的像素，从而扩大选择区域，如图3.55所示。

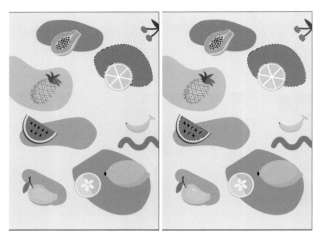

图3.55 选取相似操作

3.7 综合实例

使用矩形、圆形与多边形套索等工具制作矢量山海插画，如图3.56所示。

图3.56 矢量山海插画

Photoshop Shixun Jiaocheng

第4章

绘画与图像修饰

本章内容主要为两大部分：数字绘画与图像修饰。数字绘画部分主要使用到画笔工具、橡皮擦工具以及"画笔"面板。图像修饰部分涉及的工具较多，可以分为两大类：仿制图章工具、修补工具、污点修复画笔工具、修复画笔工具等工具，主要用于去除画面中的瑕疵；模糊工具、锐化工具、涂抹工具加深工具、减淡工具、海绵工具等工具，主要用于图像局部的模糊、锐化、加深、减淡等美化操作。

4.1　绘画工具

数字绘画是Photoshop的重要功能之一，在数字绘画的世界中，我们无须使用不同的画布、不同的颜料。油画、水彩画、铅笔画、钢笔画等的效果都可以在Photoshop中模拟出来。Photoshop提供了非常强大的绘制工具以及方便的擦除工具，这些工具除了能在数字绘画中使用，也能在修图、平面设计、服装设计中使用。

4.1.1　画笔工具

画笔工具（见图4.1）是以"前景色"作为"颜料"在画面中进行绘制的。绘制的方法很简单：在画面中单击能够绘制出一个圆点（软件在默认情况下的画笔工具笔尖为圆形）；在画面中按住鼠标左键并拖动可以轻松绘制出线条。

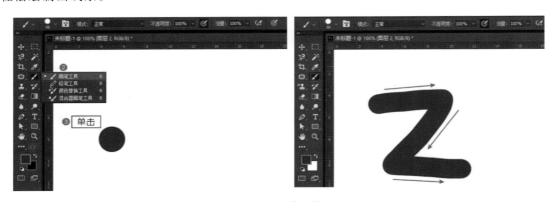

图4.1　画笔工具

4.1.2　铅笔工具

铅笔工具（见图4.2）主要用于绘制硬边的线条。铅笔工具的使用方法与画笔工具非常相似：在选项栏中单击打开"画笔预设选取器"，选择一个笔尖样式并设置画笔大小，在选项栏中设置模式和不透明度，在画面中按住鼠标左键进行拖动绘制。

4.1.3　颜色替换工具

"颜色替换工具"位于"画笔工具组"中，在工具箱中用鼠标右键单击"画笔工具"按钮即可在弹出的工具组列表中选择"颜色替换工具"。颜色替换工具（见图4.3）能够以涂抹的形式更改画面中的部分颜色。更改颜色之前要设置合适的前景色。

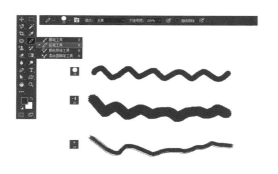

图 4.2　铅笔工具　　　　　　　　　　图 4.3　颜色替换工具

4.1.4　混合器画笔：照片变绘画

"混合器画笔工具"位于"画笔工具组"中。混合器画笔工具可以像传统绘画过程中混合颜料一样混合像素。使用混合器画笔工具可以轻松模拟真实的绘画效果，并且可以混合画布颜色和使用不同的绘画湿度。混合器画笔工具的使用如图 4.4 所示。

图 4.4　混合器画笔工具的使用

4.1.5　橡皮擦工具

"橡皮擦工具"位于"橡皮擦工具组"中，在"橡皮擦工具组"上方单击鼠标右键，在弹出的工具组列表中选择"橡皮擦工具"，选择一个普通图层，在画面中按住鼠标左键拖曳，光标经过的位置的像素就会被擦除，如图 4.5 所示。若选择了"背景"图层，使用"橡皮擦工具"进行擦除时，被擦除的像素将变成背景色，如图 4.6 所示。

图 4.5　橡皮擦工具：普通图层擦除效果　　　图 4.6　橡皮擦工具：背景层擦除效果

4.2 "画笔"面板

画笔除了可以绘制出单色的线条外，还可以绘制出虚线、同时具有多种颜色的线条、带有图案叠加效果的线条、分散的笔触、透明度不均的笔触。想要绘制出这些效果都需要借助"画笔"面板，如图4.7所示。

4.2.1 认识"画笔"面板

执行"窗口＞画笔"命令（快捷键为F5）可以打开"画笔"面板。面板中有非常多的参数，面板最底部显示着当前笔尖样式的预览效果（此时默认显示的是"画笔笔尖形状"页面）。

4.2.2 笔尖形状设置

我们可以在"画笔笔尖形状"页面对画笔的形状、大小、硬度等常用参数进行设置，还可以对画笔的角度、圆度以及间距进行设置，如图4.8至图4.10所示。这些参数选项的设置非常简单，随意调整数值，就可以在底部看到当前画笔的预览效果。通过设置当前页面的参数可以制作各种效果。

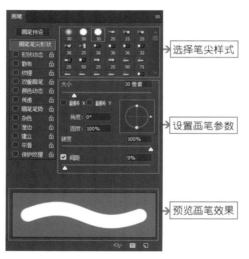

图4.7　"画笔"面板　　　　图4.8　"画笔"面板：笔尖形状设置

图4.9　"画笔"面板：角度及圆度调整效果　　　图4.10　"画笔"面板：笔尖及间距调整效果

4.2.3 形状动态

"形状动态"页面用于设置绘制出带有大小不同、角度不同、圆度不同笔触效果的线条。"形状动态"页面中有"大小抖动""角度抖动""圆度抖动"等项，此处的"抖动"是指某项参数在一定范围内随机变换。数值越大，变化范围越大。通过当前页面设置可以制作出的效果如图4.11所示。

4.2.4 散布

"散布"页面用于设置描边中笔迹的数目和位置，使画笔笔迹沿着绘制的线条扩散。我们可以在"散布"页面中对散布的方式、数量和散布的随机性进行调整。数值越大，变化范围越大。在制作随机性很强的光斑、星光或树叶纷飞的效果时，"散布"效果是必须设置的，如图4.12所示。

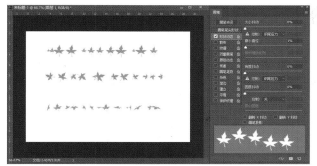
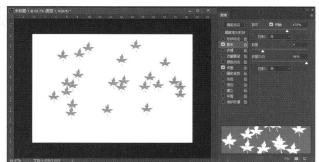

图4.11 "画笔"面板：形状动态设置效果　　　　图4.12 "画笔"面板：散布设置效果

4.2.5 纹理

"纹理"页面用于设置画笔笔触的纹理，使之可以绘制出带有纹理的笔触效果。我们可以在"纹理"页面中对图案的大小、亮度、对比度、混合模式等选项进行设置，添加不同纹理的笔触效果，如图4.13所示。

4.2.6 双重画笔

"双重画笔"页面用于设置绘制的线条呈现出两种画笔混合的效果，如图4.14所示。在对"双重画笔"设置前，我们要设置"画笔笔尖形状"主画笔参数，启用"双重画笔"选项。在最顶部的"模式"是指选择主画笔和双重画笔组合画笔笔迹时要使用的混合模式。参数非常简单，大多与其他选项中的参数相同。

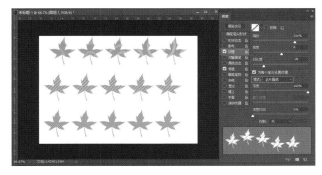
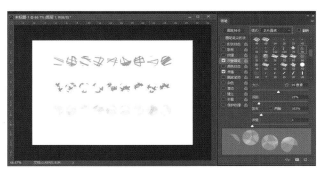

图4.13 "画笔"面板：纹理设置效果　　　　图4.14 "画笔"面板：双重画笔设置效果

4.2.7　颜色动态

"颜色动态"页面用于设置绘制出的颜色的变化效果，如图4.15所示。在设置颜色动态之前，我们要设置合适的前景色与背景色，然后在颜色动态设置页面进行其他参数的设置。

4.2.8　传递

"传递"页面用于设置笔触的不透明度、流量、湿度、混合等数值来控制油彩在描边路线中的变化方式，常用于光效的制作，如图4.16所示。在绘制光效的时候，光斑通常带有一定的透明度，所以需要勾选"传递"选项并进行参数的设置，以增加光斑的透明度的变化。

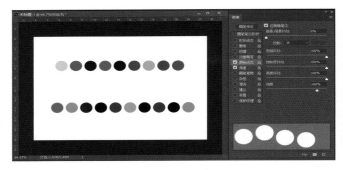

图4.15　"画笔"面板：颜色动态设置效果

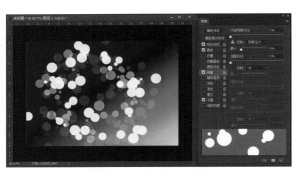

图4.16　"画笔"面板：传递设置效果

4.2.9　画笔笔势

"画笔笔势"页面用于设置毛刷画笔笔尖、侵蚀画笔笔尖的角度，如图4.17所示。

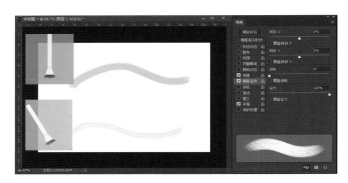

图4.17　"画笔"面板：画笔笔势设置

4.2.10　其他选项

"画笔"面板中还有"杂色""湿边""建立""平滑"和"保护纹理"5个选项（见图4.18），这些选项不能调整参数，如果要启用某个选项，将其勾选即可。

- 杂色：为个别画笔笔尖增加随机性，有关闭与开启"杂色"选项。当使用柔边画笔时，该选项最能出效果。

图4.18　"画笔"面板：其他设置

- 湿边：沿画笔描边的边缘增大油彩量，从而创建出水彩效果。
- 建立：模拟传统的喷枪技术，根据鼠标按键的单击程度确定画笔线条的填充数量。
- 平滑：在画笔描边中生成更加平滑的曲线。当使用压感笔进行快速绘画时，该选项最有效。
- 保护纹理：将相同图案和缩放比例应用于具有纹理的所有画笔预设。勾选该选项后，在使用多个纹理画笔绘画时，可以模拟出一致的画布纹理。

4.3　使用不同的画笔

在"画笔预设选取器"中可以看到多种可供选择的画笔笔尖类型，我们可以使用的只有这些吗？并不是，Photoshop还内置了多种画笔供我们挑选，默认状态为隐藏，需要通过载入使用。除了内置的画笔，我们还可以在网络上搜索下载有趣的画笔库，通过"预设管理器"载入Photoshop进行使用。除此之外，我们还可以将图像"定义"为画笔，帮助我们绘制出奇妙的效果。

4.3.1　使用其他内置的笔尖

选择"画笔工具"，单击选项栏中的"倒三角"按钮打开画笔选取器（画笔菜单的底部就是画笔库），选择一个画笔库，在弹出的对话框中单击"追加"按钮就可以将画笔库中的画笔添加到画笔选取器中，如图4.19所示。

4.3.2　自己定义一个画笔

定义画笔的方法非常简单，选择要定义成笔尖的图像，执行"编辑＞定义画笔预设"命令，在弹出的"画笔名称"对话框中设置画笔名称，单击"确定"按钮即可完成画笔的定义，如图4.20所示。我们可以在预览图中看到定义的画笔笔尖只保留了图像的明度信息，没有保留色彩信息。这是因为画笔工具是以当前的前景色进行绘制的，所以定义画笔的图像色彩就没有必要存在了。

图4.19　画笔库的选择

图4.20　定义画笔

4.3.3　使用外挂画笔资源

执行"编辑＞预设＞预设管理器"命令，打开"预设管理器"对话框，设置"预设类型"为"画笔"，单击"载入"按钮，在弹出的"载入"窗口中找到外挂画笔的位置，单击选择外挂画笔（格式为".ABR"），单击"载入"按钮（可以在"预设管理器"中看到载入的画笔），单击"完成"按钮，如图4.21和图4.22所示。

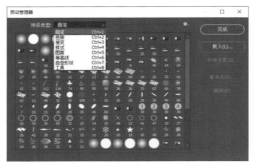

图 4.21 载入画笔   图 4.22 查看新载入的画笔

4.3.4 将画笔储存为方便传输的画笔库文件

执行"编辑＞预设＞预设管理器"命令，打开"预设管理器"对话框，设置"预设类型"为"画笔"，单击需要储存的画笔，单击"存储设置"按钮弹出"另存为"对话框，在该对话框中选择一个合适的位置并设置文件名称，单击"保存"按钮完成储存操作，如图4.23所示。

图 4.23 将画笔储存为笔刷文件

4.4 瑕疵修复

修图一直是Photoshop为人所熟知的强项之一。Photoshop的修图工具可以轻松去除人物面部的斑点、环境中的杂乱物体等。更重要的是，修图工具的使用方法非常简单，多练习就可以熟练掌握。

4.4.1 仿制图章工具

仿制图章工具可以将图像的一部分通过涂抹的方式，"复制"到图像中的另一个位置，如图4.24和图4.25所示。仿制图章工具常用来去除水印，消除人物脸部的斑点和皱纹，去除背景部分不相干的杂物，填补图片空缺等。

图 4.24　使用仿制图章工具

图 4.25　仿制图章工具的使用效果

4.4.2　图案图章工具

用鼠标右键单击"仿制工具组"，在工具列表中选择"图案图章工具"即可使用"图案"进行绘画，如图 4.26 所示。在选项栏中设置合适的笔尖大小，选择一个合适的图案，在画面中按住鼠标左键涂抹，即可看到绘制效果，如图 4.27 所示。

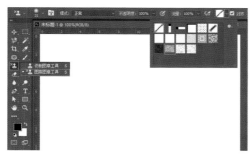

图 4.26　使用图案图章工具

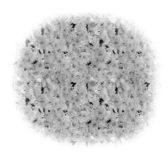

图 4.27　图案图章工具的使用效果

4.4.3　污点修复画笔工具

污点修复画笔工具可以消除图像中小面积的瑕疵或去除画面中看起来比较"特殊的"对象，如去除人物面部的斑点、皱纹、凌乱发丝，去除画面中细小的杂物等，如图 4.28 和图 4.29 所示。污点修复画笔工具不需要设置取样点，因为它可以自动从所修饰区域的周围进行取样。

图 4.28　污点修复画笔工具

图 4.29　使用污点修复画笔工具前后效果对比图

4.4.4　修复画笔工具

修复画笔工具可以用图像中的像素作为样本进行绘制，以修复画面中的瑕疵，如图 4.30 和图 4.31 所示。

图 4.30　修复画笔工具使用操作　　　　图 4.31　使用修复画笔工具前后效果对比图

4.4.5　修补工具

修补工具可以利用画面中的部分内容作为样本，修复所选图像区域中不理想的部分。修补工具通常用来去除画面中的部分内容，如图 4.32 和图 4.33 所示。

图 4.32　修补工具使用操作　　　　图 4.33　使用修补工具前后效果对比图

4.4.6　内容感知移动工具

使用内容感知移动工具可以移动选区中的对象，如图 4.34 和图 4.35 所示。被移动的对象会自动与四周的影像融合在一块，原始的区域会被智能填充。如果需要改变画面中某一对象的位置，我们就可以尝试使用该工具。

图 4.34　内容感知移动工具使用操作

图 4.35　使用内容感知移动工具前后效果对比图

4.4.7　红眼工具

红眼工具可以去除红眼现象。在工具列表中选择"红眼工具"，将光标移动至眼睛的上方单击鼠标左键即可去除红眼，如图4.36所示。

图4.36　红眼工具使用操作

4.5　"历史记录"画笔工具组

"历史记录"画笔工具组中有两个工具，即"历史记录"画笔和"历史记录"艺术画笔。这两个工具以"历史记录"面板中"标记"的步骤作为"源"在画面中绘制，绘制出的部分会呈现出标记的"历史记录"的状态。

4.5.1　"历史记录"画笔工具

执行"窗口＞历史记录"命令，打开"历史记录"面板，在想要作为绘制内容的步骤前单击即可完成"历史记录"的设定。单击工具箱中的"历史记录画笔工具"按钮，适当调整画笔大小，在画面中进行适当涂抹（绘制方法与画笔工具相同），被涂抹的区域将还原为被标记的"历史记录"的状态。

4.5.2　"历史记录"艺术画笔工具

"历史记录"艺术画笔工具可以将标记的"历史记录"状态或快照用作源数据，然后以一定的艺术效果对图像进行修改，如图4.37所示。

图 4.37　"历史记录"艺术画笔工具及其相关参数

4.6　图像的简单修饰

Photoshop 中可用于图像局部润饰的工具如下：模糊工具、锐化工具和涂抹工具，可以对图像进行模糊、锐化和涂抹处理；减淡工具、加深工具和海绵工具，可以对图像局部的明暗、饱和度等进行处理。

4.6.1　模糊工具

模糊工具可以轻松对画面局部进行模糊处理，如图 4.38 和图 4.39 所示。其使用方法非常简单，单击工具箱中的"模糊工具"按钮，在选项栏中设置工具的"模式"和"强度"即可。"模式"包括"正常""变暗""变亮""色相""饱和度""颜色""明度"。如果仅需要使画面局部模糊一些，选择"正常"即可。选项栏中的"强度"选项是比较重要的选项，该选项用来设置模糊工具的模糊强度。

图 4.38　模糊工具及其相关参数选项

4.6.2　锐化工具

锐化工具可以通过增强图像中相邻像素之间的颜色对比来提高图像的清晰度，如图 4.40 所示。

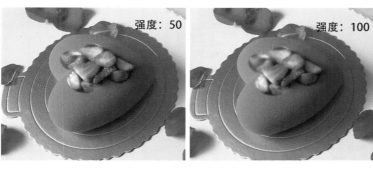

图 4.39　使用不同强度模糊工具效果对比图　　　　图 4.40　锐化工具及其使用

4.6.3　涂抹工具

涂抹工具可以模拟手指划过湿油漆产生的效果，如图 4.41 和图 4.42 所示。

图 4.41　涂抹工具及其使用效果　　　　图 4.42　使用不同强度涂抹工具效果对比图

4.6.4　减淡工具

减淡工具可以对图像亮部、中间调、阴影进行减淡处理，如图 4.43 和图 4.44 所示。

4.6.5　加深工具

选择"加深工具"，在画面背景中按住鼠标左键并拖动，光标移动过的区域的颜色会加深，如图 4.45 所示。

图 4.43　减淡工具及其参数选项　　　　图 4.44　使用减淡工具后的效果图

图 4.45   加深工具的使用

4.6.6   海绵工具

海绵工具可以增加或降低彩色图像中布局内容的饱和度，如图 4.46 所示。如果是灰度图像，海绵工具可以用于增加或降低对比度。

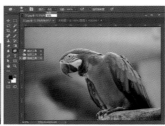

图 4.46   海绵工具的去色功能

4.7   综合实例

使用画笔、渐变、油漆桶、选区等工具绘制一张风景贺卡，如图 4.47 所示。

图 4.47   贺卡制作效果图

Photoshop Shixun Jiaocheng

第5章

调　　色

　　调色是数码照片编修中非常重要的功能。图像的色彩在很大程度上能够决定图像的"好坏"，与图像主题相匹配的色彩才能够正确地传达图像的内涵。对于设计作品来说也是一样的，正确地使用色彩对设计作品而言也是非常重要的。不同的颜色往往带有不同的情感倾向，对消费者心理产生的影响也不相同。我们不仅要学习如何使画面的色彩"正确"，而且要学习如何通过调色技术的使用创作各种风格的色彩。

5.1　调色前的准备工作

5.1.1　调色关键词

　　在进行调色的过程中，我们经常会听到一些关键词，如色调、色阶、曝光度、对比度、明度、纯度、饱和度、色相、颜色模式、直方图等。这些词大部分都与色彩的基本属性有关。下面来简单了解一下色彩。

1. 色温（色性）

　　颜色除了色相、明度、纯度这三大属性外，还具有"温度"。色彩的"温度"被称为色温、色性，指色彩的冷暖倾向。倾向于蓝色的颜色为冷色调，倾向于橘色的颜色为暖色调，如图5.1和图5.2所示。

图 5.1　冷色调　　　　　　　　　　　　　　　　　　图 5.2　暖色调

2. 色调

　　色调是我们经常提到的一个词语，指的是画面整体的颜色倾向，如图5.3和图5.4所示。

3. 影调

　　对摄影作品而言，影调又称为照片的基调或调子，指画面的明暗层次、虚实对比和色彩的色相明暗等之间的关系。由于影调的亮暗和反差的不同，影调可以根据亮暗分为亮调、暗调和中间调（见图5.5和图5.6），也可以根据反差分为硬调、软调和中间调。

图5.3　青绿色调

图5.4　紫色调

图5.5　暗调

图5.6　亮调

4. 颜色模式

颜色模式是颜色表现为数字形式的模型。简单来说，我们可以将图像的颜色模式理解为记录颜色的方式。Photoshop中有多种颜色模式。执行"图像＞模式"命令，我们可以将当前的图像更改为其他颜色模式：RGB模式、CMYK模式、HSB模式、Lab颜色模式、位图模式、灰度模式、索引颜色模式、双色调模式和多通道模式。在设置颜色时，我们可以通过在"拾色器"面板中选择不同的颜色模式进行颜色的设置。

5. 直方图

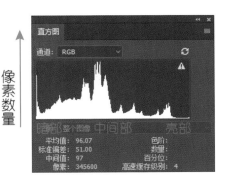

图5.7　直方图

直方图用图形来表示图像的每个亮度级别的像素数量，如图5.7所示。在直方图中，横向代表亮度，左侧为暗部区域，中部为中间调区域，右侧为高光区域。纵向代表像素数量，纵向越高表示分布在这个亮度级别的像素越多。

5.1.2　如何调色

Photoshop的"图像"菜单中包含多种可以用于调色的命令，其中大部分位于"图像＞调整"子菜单中，还有三个自动调色命令位于"图像"菜单下，如图5.8所示，这些命令可以直接作用于所选图层。执行"图层＞新建调整图层"命令，在子菜单中可以看到与"图像＞调整"子菜单中相同的命令，如图5.9

所示，这些命令起到的调色作用是相同的，但是其使用方式略有不同。

图 5.8　利用"调整"子菜单进行调色

图 5.9　利用"新建调整图层"命令进行调色

从上面的这些调色命令的名称来看，我们大致能猜到这些命令起到的作用。调色是通过对图像的明暗（亮度）、对比度、曝光度、饱和度、色相、色调等几大方面进行调整，从而实现图像整体颜色的改变。但有如此多的调色命令，在真正调色时要从何处入手呢？很简单，只要把握住这样几点即可：①校正画面整体的颜色错误；②细节美化；③帮助元素融入画面；④强化气氛，辅助主题表现。

5.1.3　调色必备"信息"面板

"信息"面板看似与调色操作没有关系，但是"信息"面板可以显示画面中取样点的颜色数值，我们可以通过数值的比对分析出画面的偏色问题。执行"窗口＞信息"命令可以打开"信息"面板，如图5.10所示。

图 5.10　"信息"面板

5.1.4 使用调色命令调色

调色命令的种类虽然很多，但是使用方法都比较相似。选中需要操作的图层，单击"图像"菜单按钮，将光标移动到"调整"命令上，在子菜单中可以看到很多调色命令，如"色相/饱和度"，如图 5.11 所示。大部分调色命令都会弹出参数设置对话框，我们可以在此对话框中进行参数选项的设置（反相、去色、色调均化命令没有参数调整对话框）。"色相/饱和度"对话框中有很多滑块，拖动滑块的位置，画面颜色会产生变化，如图 5.12 所示。

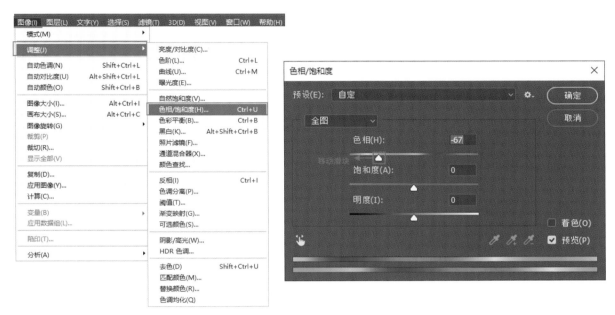

图 5.11 调色命令和"色相/饱和度"对话框

图 5.12 色相、饱和度调整前后效果

5.1.5 使用调整图层调色

选中一个需要调整的图层，执行"图层＞新建调整图层"命令，执行子菜单中的命令会弹出一个新建图层的对话框，在此对话框设置调整图层的名称，单击"确定"按钮即可看到新建的调整图层，如图 5.13 所示。

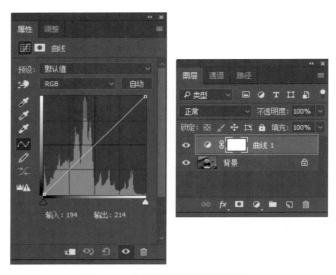

图 5.13　使用新建调整图层调色

5.2　自动调色命令

　　"图像"菜单下有三个用于自动调整图像颜色的命令：自动对比度、自动色调、自动颜色。这三个命令无须进行参数设置，执行命令后，Photoshop 会自动计算图像颜色和明暗中存在的问题并进行校正。自动调色命令适用于处理数码照片常见的偏色或者偏灰、偏暗、偏亮等问题。

5.2.1　自动对比度

　　"自动对比度"命令常用于校正图像对比度过低的问题。打开一张对比度偏低的图像，画面看起来有些偏灰。执行"图像＞自动对比度"命令，偏灰的图像会自动提高对比度，如图 5.14 所示。

图 5.14　使用"自动对比度"命令调整前后效果

5.2.2　自动色调

　　"自动色调"命令常用于校正图像常见的偏色问题。打开一张有些偏色的图像，画面看起来有些偏黄。执行"图像＞自动色调"命令，过多的黄色成分会被去掉，如图 5.15 所示。

5.2.3　自动颜色

"自动颜色"命令主要用于校正图像中颜色的偏差。如图5.16所示，背景偏向紫色，执行"图像＞自动颜色"命令可以快速减少画面中的紫色。

图5.15　使用"自动色调"命令调整前后效果　　　　图5.16　使用"自动颜色"命令调整前后效果

5.3　调整图像的明暗

"图像＞调整"子菜单中有很多种调色命令，其中一部分调色命令主要针对图像的明暗进行调整。提高图像的明度可以使画面变亮，降低图像的明度可以使画面变暗，增强亮部区域的亮度并降低画面暗部区域的亮度可以增强画面对比度，反之可以降低画面对比度。

5.3.1　亮度/对比度

"亮度/对比度"命令常用于使图像变得更亮、更暗，校正偏灰（对比度过低）的图像，增强对比度使图像更"抢眼"或弱化对比度使图像更柔和。

我们可以执行"图像＞调整＞亮度/对比度"命令打开"亮度/对比度"对话框，如图5.17所示，也可以执行"图层＞新建调整图层＞亮度/对比度"命令创建一个"亮度/对比度"调整图层。

图5.17　"亮度/对比度"对话框

5.3.2　色阶

"色阶"命令主要用于调整画面的明暗程度以及增强或降低对比度。"色阶"命令的优势在于可以单独对画面的阴影、中间调、高光，以及亮部、暗部区域进行调整，而且可以对各个颜色通道进行调整，以实现色彩调整的目的。

执行"图像＞调整＞色阶"命令（快捷键为Ctrl+L）可以打开"色阶"对话框，如图5.18所示。

执行"图层＞新建调整图层＞色阶"命令可以创建一个"色阶"调整图层，如图5.19所示。

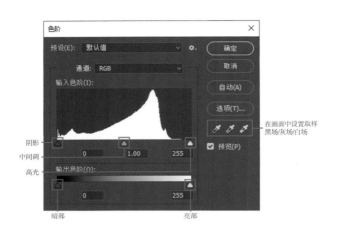

图 5.18　"色阶"对话框　　　　　　　图 5.19　新建"色阶"调整图层

5.3.3　曲线

"曲线"命令既可用于对画面的明暗和对比度进行调整，又可用于校正画面偏色问题以及调整出独特的色调效果。

执行"曲线＞调整＞曲线"命令（快捷键为 Ctrl＋M）可以打开"曲线"对话框，如图 5.20 所示。该对话框左侧为曲线调整区域，我们可以在这里通过改变曲线的形态调整画面的明暗程度。曲线上部控制画面的亮部区域，曲线中部控制画面中间调区域，曲线下部控制画面暗部区域。在曲线上单击即可创建一个点，按住并拖动曲线点的位置可以调整曲线形态。将曲线上的点向左上移动会使图像变亮，将曲线上的点向右下移动可以使图像变暗。

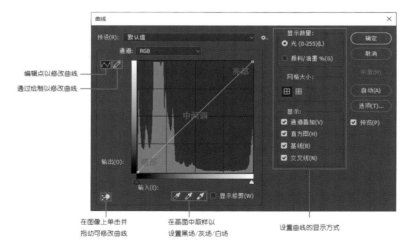

图 5.20　"曲线"对话框

5.3.4　曝光度

"曝光度"命令主要用来校正图像曝光不足、曝光过度、对比度过低或过高的情况。

执行"图像＞调整＞曝光度"命令可以打开"曝光度"对话框（或执行"图层＞新建调整图层＞曝光度"命令创建一个"曝光度"调整图层），如图 5.21 所示。我们可以在该对话框中对曝光度进行设置，使图像变亮或者变暗，如适当增大"曝光度"数值可以使原本偏暗的图像变亮一些。

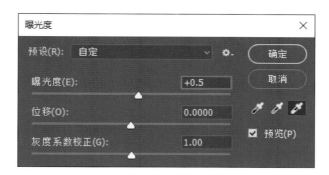

图5.21　"曝光度"对话框

5.3.5　阴影/高光

　　"阴影/高光"命令可以单独对画面中的阴影区域以及高光区域的明暗进行调整。该命令常用于恢复图像过暗造成的暗部细节缺失，以及处理图像过亮导致的亮部细节不明确等问题。

　　执行"图像＞调整＞阴影/高光"命令可以打开"阴影/高光"对话框，在默认情况下只显示"阴影"和"高光"两个数值，如图5.22所示。增大"阴影"数值可以使画面暗部区域变亮，增大"高光"数值可以使画面亮部区域变暗，如图5.23所示。

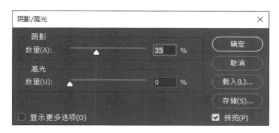

图5.22　"阴影/高光"对话框

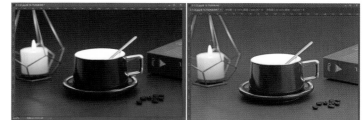

图5.23　使用"阴影/高光"命令前后对比效果

5.4　调整图像的色彩

　　调整图像的色彩一方面是针对画面明暗的调整，另外一方面是针对画面色彩的调整。"图像＞调整"命令中有十几种可以针对图像色彩进行调整的命令。使用这些命令既可以校正偏色的问题，又可以为画面打造出各具特色的色彩风格。

5.4.1　自然饱和度

　　"自然饱和度"命令可以增加或减少画面颜色的鲜艳程度。"自然饱和度"命令常用于使外景照片更加明艳动人，或者打造出复古怀旧的低彩效果。

　　执行"图像＞调整＞自然饱和度"命令可以打开"自然饱和度"对话框，在这里可以对"自然饱和度"以及"饱和度"数值进行调整，如图5.24所示。我们也可执行"图层＞新建调整图层＞自

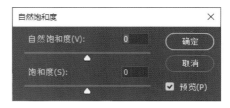

图5.24　"自然饱和度"对话框

然饱和度"命令创建一个"自然饱和度"调整图层。

5.4.2 色相/饱和度

"色相/饱和度"命令可以对图像整体或者局部的色相、饱和度以及明度进行调整，还可以对图像中的各个颜色（红、黄、绿、青、蓝、洋红）的色相、饱和度、明度分别进行调整。"色相/饱和度"命令常用于更改画面局部的颜色，或者增强画面饱和度。

执行"图像＞调整＞色相/饱和度"命令（快捷键为Ctrl＋U）可以打开"色相/饱和度"对话框，在默认情况下可以对整个图像的色相、饱和度、明度进行调整，如调整色相滑块，如图5.25和图5.26所示。我们也可执行"图层＞新建调整图层＞色相/饱和度"命令创建一个"色相/饱和度"调整图层。

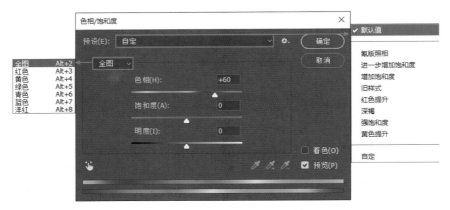

图5.25　"色相/饱和度"对话框

图5.26　使用"色相/饱和度"命令前后对比效果

5.4.3 色彩平衡

"色彩平衡"命令根据颜色的补色原理，控制图像颜色的分布。根据颜色之间的互补关系，要减少某个颜色就要增加这种颜色的补色。所以我们可以利用"色彩平衡"命令进行偏色问题的校正。

执行"图像＞调整＞色彩平衡"命令（快捷键为Ctrl＋B）可以打开"色彩平衡"对话框。我们可以先设置"色调平衡"，然后选择需要处理的部分是阴影区域、中间调区域，还是高光区域，最后在上方调整各个色彩的滑块，如图5.27所示。

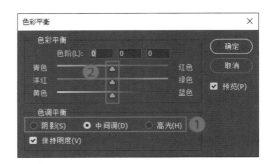

图5.27　"色彩平衡"对话框

5.4.4　黑白

"黑白"命令可以去除画面中的色彩，将图像转换为黑白效果，在转换为黑白效果后还可以对画面中每种颜色的明暗程度进行调整。"黑白"命令常用于将彩色图像转换为黑白图像，也可以用于制作单色图像。

执行"图像＞调整＞黑白"命令（快捷键为 Alt＋Shift＋Ctrl＋B）可以打开"黑白"对话框，在该对话框可以对各个颜色的数值进行调整，以设置各个颜色转换为灰度后的明暗程度，如图 5.28 和图 5.29 所示。

图 5.28　"黑白"对话框　　　　　　　　**图 5.29**　使用"黑白"命令前后对比效果

5.4.5　照片滤镜

"照片滤镜"命令与摄影师经常使用的彩色滤镜的效果非常相似，可以为图像"蒙"上某种颜色，以使图像产生明显的颜色倾向。"照片滤镜"命令常用于制作冷色调或暖色调的图像。

执行"图像＞调整＞照片滤镜"命令可以打开"照片滤镜"对话框，在"滤镜"下拉列表中可以选择一种预设的效果应用到图像中，如选择"冷却滤镜"时图像变为冷色调，如图 5.30 和图 5.31 所示。我们也可执行"图层＞新建调整图层＞照片滤镜"命令创建一个"照片滤镜"调整图层。

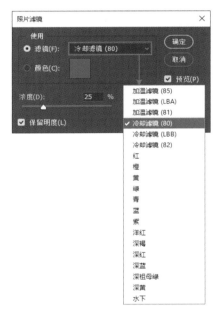

5.4.6　通道混合器

"通道混合器"命令可以将图像中的颜色通道相互混合，能够对目标颜色通道进行调整和修复，常用于偏色图像的校正。

执行"图像＞调整＞通道混合器"命令可以打开"通道混合器"对话框，如图 5.32 所示。我们可以在"输出通道"列表中选择需要处理的通道，然后调整各个颜色滑块。我们也可执行"图层＞新建调整图层＞通道混合器"命令创建一个"通道混合器"调整图层。

图 5.30　"照片滤镜"对话框

5.4.7　颜色查找

不同的数字图像输入和输出设备都有其特定的色彩空间，这也就导致同一幅画面在不同的设备之间传输会产生不匹配的现象。选中一张图像，执行"图像＞调整＞颜色查找"命令打开"颜色查找"对话框，从3DLUT文件、摘要、设备链接三种方式中选择用于颜色查找的方式并在下拉列表中选择合适的类型，选择完成后可以看到图像整体颜色发生了变化。

图5.31 使用"照片滤镜"命令前后对比效果

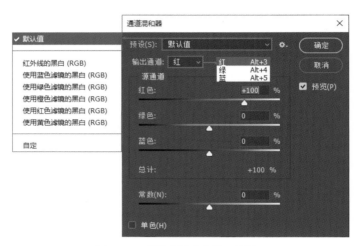

图5.32 "通道混合器"对话框

5.4.8 反相

"反相"命令可以将图像中的颜色转换为它的补色，呈现出负片效果，即红变绿、黄变蓝、黑变白。

执行"图层＞调整＞反相"命令（快捷键为Ctrl＋I），即可得到反相效果，如图5.33所示。"反相"命令是一个可以逆向操作的命令。我们也可执行"图层＞新建调整图层＞反相"命令创建一个"反相"调整图层。

图5.33 使用"反相"命令前后对比效果

5.4.9　色调分离

"色调分离"命令可以通过为图像设定色调数目减少图像的色彩数量。图像中多余的颜色会映射到最接近的匹配级别。执行"图层＞调整＞色调分离"命令可以打开"色调分离"对话框，如图5.34所示。我们可以在"色调分离"对话框中进行"色阶"数量的设置，设置的"色阶"越小，分离的色调越多；设置的"色阶"越大，保留的图像细节越多，如图5.35所示。我们也可以执行"图层＞新建调整图层＞色调分离"命令，创建一个"色调分离"调整图层。

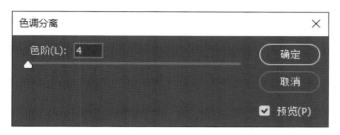

图5.34　"色调分离"对话框

图5.35　使用"色调分离"命令前后对比效果

5.4.10　阈值

"阈值"命令可以将图像转换为只有黑白两色的图像。执行"图层＞调整＞阈值"命令可以打开"阈值"对话框，如图5.36所示。我们指定一个"阈值色阶"作为阈值后，高于此色阶的像素都将变为白色，低于此色阶的像素都将变为黑色，如图5.37所示。

图5.36　"阈值"对话框

图5.37　使用"阈值"命令前后对比效果

5.4.11　渐变映射

"渐变映射"命令是先将图像转换为灰度图像，然后设置一个渐变，将渐变中的颜色按照图像的灰度范围一一映射到图像中，使图像中只保留渐变中存在的颜色。执行"图像＞调整＞渐变映射"命令，打开"渐变映射"对话框，单击"灰度映射所用的渐变"打开"渐变编辑器"对话框，在该对话框中可以选择或重新编辑一种渐变应用到图像上，如图5.38和图5.39所示。我们也可以执行"图层＞新建调整图层＞渐变映射"命令，创建一个"渐变映射"调整图层。

5.4.12　可选颜色

"可选颜色"命令可以为图像中各个颜色通道增加或减少某种印刷色的含量。使用"可选颜色"命令可以非常方便地对画面中某种颜色的色彩倾向进行更改。

图 5.38 "渐变映射"对话框和"渐变编辑器"对话框

图 5.39 使用"渐变映射"命令前后对比效果

执行"图像＞调整＞可选颜色"命令可以打开"可选颜色"对话框，先选择需要处理的颜色，然后调整下方的色彩滑块，如图 5.40 所示。对"红色"进行调整，减少其中青色的成分（相当于增多青色的补色：红色），增多其中黄色的成分，画面中包含红色的部分（比如皮肤部分）被添加了红色和黄色，显得非常"暖"，如图 5.41 所示。我们也可执行"图层＞新建调整图层＞可选颜色"命令，创建一个"可选颜色"调整图层。

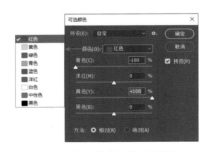

图 5.40 "可选颜色"对话框

图 5.41 使用"可选颜色"命令前后对比效果

5.4.13 HDR 色调

"HDR 色调"命令常用于处理风景照片，可以增强亮部和暗部的细节和颜色感，使图像更具有视觉冲击力。

执行"图像＞调整＞HDR 色调"命令可以打开"HDR 色调"对话框，如图 5.42 所示。默认的参数增强了图像的细节和颜色感，如图 5.43 所示。

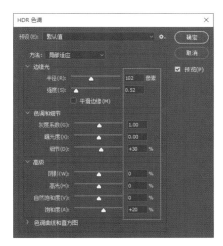

图 5.42 "HDR 色调"对话框

图 5.43 使用"HDR 色调"命令前后对比效果

5.4.14 去色

"去色"命令无须设置任何参数,可以直接将图像中的颜色去掉,使其成为灰度图像。

打开一张图像,执行"图像>调整>去色"命令(快捷键为 Shift+Ctrl+U),可以将其调整为灰度图像,如图 5.44 所示。

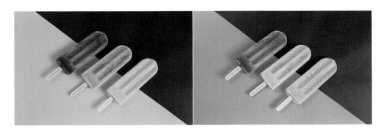

图 5.44 使用"去色"命令前后对比效果

5.4.15 匹配颜色

"匹配颜色"命令可以将图像 1 中的色彩关系映射到图像 2 中,使图像 2 产生与图像 1 相同的色彩。使用"匹配颜色"命令可以便捷地更改图像颜色,可以在不同的图像文件中进行"匹配",也可以匹配同一个文档中不同图层的颜色。

打开需要处理的图像(图像 1,为青色调),将用于匹配的"源"图片(图像 2,为紫色调)置入,选择图像 1 所在的图层,隐藏其他图层,执行"图像>调整>匹配颜色"命令弹出"匹配颜色"对话框,设置"源"为当前的文档,选择"图层"为图像 2 所在的图层,此时图像 1 变为紫色调,如图 5.45 和图 5.46 所示。

图 5.45 "匹配颜色"命令:图像 1 及图像 2

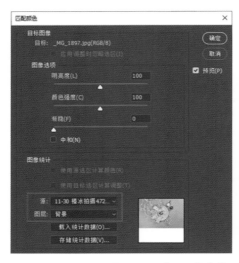

图 5.46 "匹配颜色"对话框及"匹配颜色"命令执行效果

5.4.16 替换颜色

"替换颜色"命令可以修改图像中选定颜色的色相、饱和度和明度，从而将选定的颜色替换为其他颜色。如果要更改画面中某个区域的颜色，常规的方法是先得到选区，然后填充其他颜色。使用"替换颜色"命令可以免去很多麻烦，可以通过在画面中单击拾取的方式，直接对图像中指定的颜色进行色相、饱和度以及明度的修改，从而实现颜色的更改。

选择一个需要调整的图层，执行"对象＞调整＞替换颜色"命令打开"替换颜色"对话框；在画面中取样，以设置需要替换的颜色，在默认情况下选择的是"吸管工具"，将光标移动到需要替换颜色的位置单击拾取颜色，缩览图中白色的区域代表被选中（也就是会被替换的部分），如图 5.47 所示；在拾取需要替换的颜色时，可以配合容差值进行调整；如果有未选中的位置，可以使用"添加到取样"在未选中的位置单击，如图 5.48 所示；更改"色相""饱和度""明度"选项以调整替换的颜色，"结果"色块显示替换后的颜色效果，如图 5.49 所示；设置完成后单击"确定"按钮。

图 5.47 "替换颜色"对话框：选择吸管吸取需要替换的颜色

图 5.48 "替换颜色"对话框：增加需要替换颜色的区域

图 5.49 "替换颜色"对话框：替换需要的颜色

5.4.17 色调均化

"色调均化"命令可以将图像中全部像素的亮度进行重新分布，使图像中最亮的像素变成白色、最暗的像素变成黑色、中间的像素均匀分布在整个灰度范围内。选择需要处理的图层，执行"图像＞调整＞色调均化"命令，使图像均匀地呈现出所有范围的亮度级，如图 5.50 所示。

图 5.50 使用"色调均化"命令前后对比效果

如果图像中存在选区，执行"色调均化"命令时会弹出一个对话框，用于设置色调均化的选项。如果只想处理选区中的部分区域，选择"仅色调均化所选区域"。选择"基于所选区域色调均化整个图像"可以按照选区内的像素明暗均化整个图像。

5.5 综合实例

利用色相、饱和度为黑白照片着色，如图5.51和图5.52所示。

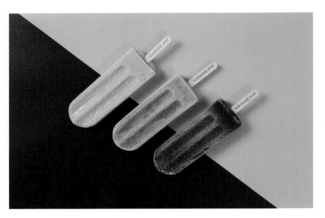

图5.51 着色效果图

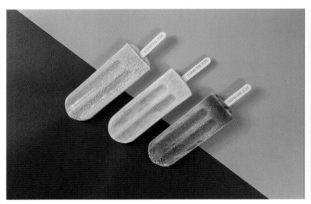 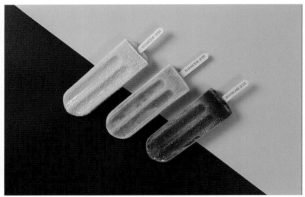

图5.52 着色前后对比图

Photoshop Shixun Jiaocheng

第 6 章

图层混合与图层样式

本章讲解的是图层的高级功能：图层的透明效果、混合模式与图层样式。这几项功能是设计制图中经常需要使用的功能，不透明度与混合模式使用方法非常简单，常用在多图层混合中。图层样式可以为图层添加描边、阴影、发光、颜色、渐变、图案以及立体感的效果。图层样式参数的可控性较强，能够轻松制作出各种各样的常见效果。

6.1　图层透明设置

想要使图层产生透明效果，需要在"图层"面板中进行设置。由于透明效果是应用于图层的，我们在设置透明度之前要在"图层"面板中选中需要设置的图层。"图层"面板的顶部有"不透明度"和"填充"两个选项，默认数值均为100％，表示图层完全不透明，我们可以在选项后方的数值框中直接输入数值以调整图层的透明效果，如图6.1所示。这两项都是用于制作图层透明效果的，数值越大，图层越不透明；数值越小，图层越透明，如图6.2所示。

图6.1　"图层"面板

图6.2　不同透明度数值的效果对比

6.1.1　设置"不透明度"

"不透明度"作用于整个图层，包括图层本身的形状内容、像素内容、图层样式、智能滤镜等的透明属性，包括图层中的形状、像素以及图层样式。

单击"图层"面板中的图层，单击不透明度数值后方的下拉箭头，可以通过移动滑块来调整透明效果，还可以将光标定位在"不透明度"文字上，按住鼠标左键并向左右拖动来调整透明效果，如图6.3所示。

图6.3　调整图层的不透明度

6.1.2 填充：设置图层本身的透明效果

与"不透明度"相似，"填充"也可以使图层产生透明效果。但是通过"填充"调整不透明度只影响图层本身内容，对附加的图层样式等部分没有影响，如图6.4所示。例如将"填充"数值调整为20％，图层本身内容变透明了，而描边等的图层样式还完整地显示着。

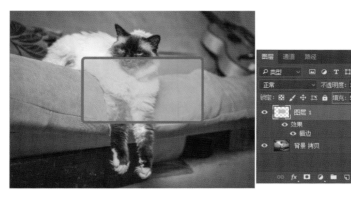

图6.4 调整图层的"填充"数值

6.2 混合模式

图层的混合模式是指当前图层中的像素与下方图像像素的颜色混合。混合模式不仅可以在图层中使用，而且可以在绘图工具、修饰工具、颜色填充等中使用。

6.2.1 设置混合模式

"图层"面板中图层样式下拉列表中包含很多种混合模式，且混合模式被分为6组，如图6.5所示。在选中某一种图层样式后，保持图层样式按钮处于选中状态，滚动鼠标中轮即可快速查看各种混合模式的效果，也方便我们找到一种合适的混合模式，如图6.6所示。

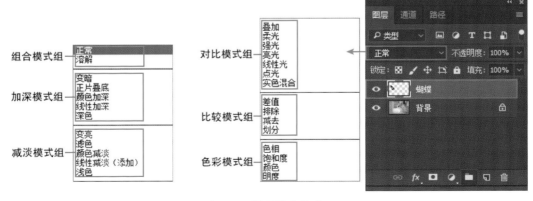

图6.5 图层混合模式

图 6.6　选择图层的混合模式

6.2.2　组合模式组

　　组合模式组包括 2 种模式：正常和溶解。在默认情况下，新建的图层或置入的图层的模式均为正常。在这种模式下，"不透明度"为 100% 时完全遮挡下方图层，降低该图层不透明度可以显露下方图层，如图 6.7 和图 6.8 所示。

图 6.7　图层透明叠加　　　　　　　　　　　　图 6.8　图层透明叠加效果

　　溶解模式会使图像中透明度区域的像素产生离散效果。溶解模式需要降低图层的"不透明度"或"填充"数值才能起作用，这两个参数的数值越低，像素离散效果越明显，如图 6.9 所示。

不透明度：30%　　　　　　　　　　　　　　　　不透明度：80%

图 6.9　图层溶解与不同透明度叠加效果

6.2.3 加深模式组

　　加深模式组包含5种混合模式。这些混合模式可以使当前图层的白色像素被下层较暗的像素替代，使图像产生变暗效果。

　　（1）变暗：比较每个通道中的颜色信息，选择基色或混合色中较暗的颜色作为结果色，替换比结果色亮的像素，使比结果色暗的像素保持不变，如图6.10和图6.11所示。

图6.10　图层混合模式原图

　　（2）正片叠底：任何颜色与黑色混合产生黑色，任何颜色与白色混合保持不变，如图6.12所示。

图6.11　图层混合模式：变暗　　　　　　**图6.12　图层混合模式：正片叠底**

　　（3）颜色加深：增加上下层图像之间的对比度使像素变暗，与白色混合后不产生变化，如图6.13所示。

　　（4）线性加深：减小亮度使像素变暗，与白色混合不产生变化，如图6.14所示。

图6.13　图层混合模式：颜色加深　　　　　**图6.14　图层混合模式：线性加深**

　　（5）深色：比较两个图像的所有通道的数值的总和，显示数值较小的颜色，如图6.15所示。

图 6.15　图层混合模式：深色

6.2.4　减淡模式组

减淡模式组包含5种混合模式。这些混合模式会使图像中黑色的像素被较亮的像素替换，使任何比黑色亮的像素都可以提亮下层图像。所以减淡模式组中的混合模式会使图像变亮。

（1）变亮：比较每个通道中的颜色信息，选择基色或混合色中较亮的颜色作为结果色，替换比结果色暗的像素，使比结果色亮的像素保持不变，如图6.16所示。

（2）滤色：与黑色混合时颜色保持不变，与白色混合时产生白色，如图6.17所示。

图 6.16　图层混合模式：变亮　　　　　　　　**图 6.17　图层混合模式：滤色**

（3）颜色减淡：减小上下层图像之间的对比度，提亮底层图像的像素，如图6.18所示。

（4）线性减淡（添加）：与线性加深模式产生的效果相反，可以通过提高亮度来减淡颜色，如图6.19所示。

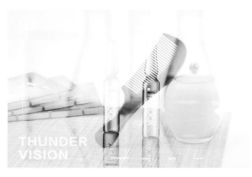

图 6.18　图层混合模式：颜色减淡　　　　　**图 6.19　图层混合模式：线性减淡**

（5）浅色：比较两个图像所有通道的数值的总和，显示数值较大的颜色，如图6.20所示。

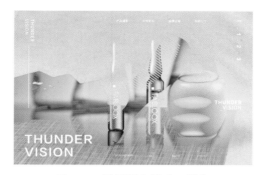

图 6.20　图层混合模式：浅色

6.2.5　对比模式组

对比模式组包括7种混合模式。使用这些混合模式后，图像中50％的灰色会完全消失，亮度值高于50％灰色的像素都提亮下层的图像，亮度值低于50％灰色的像素都使下层图像变暗。对比模式组可以加强图像的明暗差异。

（1）叠加：对颜色进行过滤并提亮上层图像（取决于底层颜色），同时保留底层图像的明暗对比，如图6.21所示。

（2）柔光：使颜色变暗或变亮，具体效果（见图6.22）取决于当前图像的颜色。如果上层图像比50％灰色亮，则图像变亮；如果上层图像比50％灰色暗，则图像变暗。

图 6.21　图层混合模式：叠加　　　　　　图 6.22　图层混合模式：柔光

（3）强光：对颜色进行过滤，具体效果（见图6.23）取决于当前图像的颜色。如果上层图像比50％灰色亮，则图像变亮；如果上层图像比50％灰色暗，则图像变暗。

（4）亮光：通过增加或减小对比度来加深或减淡颜色，具体效果（见图6.24）取决于上层图像的颜色。如果上层图像比50％灰色亮，则图像变亮；如果上层图像比50％灰色暗，则图像变暗。

图 6.23　图层混合模式：强光　　　　　　图 6.24　图层混合模式：亮光

（5）线性光：减小或增加亮度，从而加深或减淡颜色，具体效果（见图 6.25）取决于上层图像的颜色。如果上层图像比 50% 灰色亮，则图像变亮；如果上层图像比 50% 灰色暗，则图像变暗。

（6）点光：根据上层图像的颜色来替换颜色。如果上层图像比 50% 灰色亮，则替换比较暗的像素；如果上层图像比 50% 灰色暗，则替换较亮的像素。图层混合模式：点光如图 6.26 所示。

（7）实色混合：将上层图像的 RGB 通道值添加到底层图像的 RGB 通道值。如果上层图像比 50% 灰色亮，则使底层图像变亮；如果上层图像比 50% 灰色暗，则使底层图像变暗。图层混合模式：实色混合如图 6.27 所示。

图 6.25　图层混合模式：线性光　　　图 6.26　图层混合模式：点光　　　图 6.27　图层混合模式：实色混合

6.2.6　比较模式组

比较模式组包含 4 种混合模式。这些混合模式可以对比当前图像与下层图像的颜色差别，将颜色相同的区域显示为黑色，将颜色不同的区域显示为灰色或彩色。如果当前图层包含白色，那么白色区域会使下层图像反相，黑色不会对下层图像产生影响。

（1）差值：上层图像与白色混合将反转底层图像的颜色，与黑色混合则不产生变化，如图 6.28 所示。

（2）排除：创建一种与差值模式相似，但对比度更低的混合效果，如图 6.29 所示。

（3）减去：从目标通道中相应的像素上减去源通道中的像素值，如图 6.30 所示。

（4）划分：比较每个通道中的颜色信息，然后从底层图像中划分上层图像，如图 6.31 所示。

 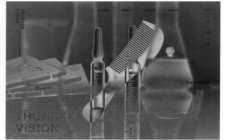

图 6.28　图层混合模式：差值　　　　图 6.29　图层混合模式：排除

图 6.30　图层混合模式：减去　　　　图 6.31　图层混合模式：划分

6.2.7　色彩模式组

色彩模式组包括4种混合模式。这些混合模式会自动识别图像的颜色属性（色相、饱和度和亮度），然后将其中的一种或两种应用在混合后的图像中。

（1）色相：用底层图像的明亮度和饱和度以及上层图像的色相来创建结果色，如图6.32所示。

（2）饱和度：用底层图像的明亮度和色相以及上层图像的饱和度来创建结果色，在饱和度为0的灰度区域应用该模式不会产生任何变化，如图6.33所示。

图6.32　图层混合模式：色相　　　图6.33　图层混合模式：饱和度

（3）颜色：用底层图像的明亮度以及上层图像的色相和饱和度来创建结果色，这样可以保留图像中的灰阶，对于为单色图像上色或给彩色图像着色非常有用，如图6.34所示。

（4）明度：用底层图像的色相和饱和度以及上层图像的明亮度来创建结果色，如图6.35所示。

图6.34　图层混合模式：颜色　　　图6.35　图层混合模式：明度

6.3　图层样式设置

图层样式是一种附加在图层上的特殊效果，如浮雕、描边、光泽、发光、投影等。这些样式可以单独使用，也可以多种样式共同使用。Photoshop中共有10种图层样式：斜面和浮雕、描边、内阴影、内发光、光泽、颜色叠加、渐变叠加、图案叠加、外发光、投影，如图6.36所示。

图6.36　图层样式效果

6.3.1 使用图层样式

1. 添加图层样式

选中图层（不能是空图层），执行"图层＞图层样式"命令，可以在子菜单中看到图层样式的名称以及图层样式的相关命令，单击某一项图层样式命令即可弹出"图层样式"对话框，如图 6.37 所示。

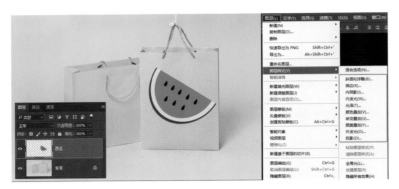

图 6.37 "图层样式"对话框

2. 编辑已添加的图层样式

为图层添加了图层样式后，"图层"面板中该图层上会出现已添加的样式列表，单击向下的小箭头即可展开图层样式堆栈，在"图层"面板中双击该样式的名称弹出"图层样式"面板，即可进行参数的修改，如图 6.38 所示。

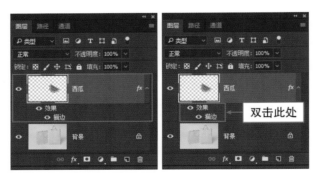

图 6.38 在"图层"面板中编辑图层样式

3. 拷贝和粘贴图层样式

当我们已经制作好了一个图层的样式，其他图层或者其他文件中的图层也需要使用相同的样式时，我们可以使用"拷贝图层样式"功能快速赋予该图层相同的样式。选择需要复制图层样式的图层，在图层名称上单击鼠标右键，执行"拷贝图层样式"命令，接着选择目标图层，单击鼠标右键，执行"粘贴图层样式"命令，此时目标图层会出现相同的样式，如图 6.39 所示。

4. 放图层样式

图层样式的参数很大程度上能够影响图层的显示效果。有时我们为一个图层赋予了某个图层样式后，可能会发现该样式的尺寸与本图层的尺寸不成比例，那么此时就可以对该图层样式进行缩放。展开图层样式列表，在图层样式上单击右键，执行"缩放效果"命令，在弹出的对话框中设置缩放数值，即可使图层样式尺寸产生相应的放大或缩小，如图6.40和图6.41所示。

图6.39　拷贝并粘贴图层样式

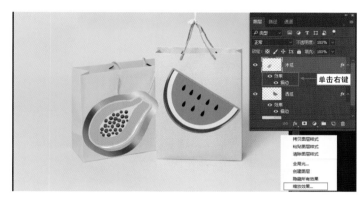

图6.40　选择"缩放效果"命令　　　　　图6.41　"缩放图层效果"对话框

5.隐藏图层样式

展开图层样式列表，每个图层样式前都有一个可用于切换显示或隐藏的"小眼睛"图标，单击"效果"前的图标可以隐藏该图层的全部样式，单击单个样式前的图标可以只隐藏部分样式，如图6.42所示。

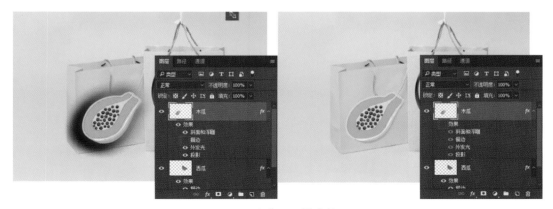

图6.42　隐藏图层样式效果

6. 去除图层样式

想要去除图层的样式，可以在该图层上单击鼠标右键，执行"清除图层样式"命令。如果只想去除众多样式中的一种，可以展开样式列表，将某一样式拖曳到"删除图层"按钮上。

7. 栅格化图层样式

与栅格化文字、栅格化智能对象、栅格化矢量图层相同，栅格化图层样式可以将图层样式变为普通图层的一个部分，使图层样式部分可以像普通图层中的其他部分一样进行编辑处理。在图层上单击鼠标右键，执行"栅格化图层样式"命令，此时该图层的图层样式也出现在图层的内容中了。

6.3.2　斜面和浮雕

斜面和浮雕样式可以为图层模拟表面凸起的立体感，如图 6.43 所示。斜面和浮雕样式包含多种凸起效果，如外斜面、内斜面、浮雕效果、枕状浮雕、描边浮雕。斜面和浮雕样式主要通过为图层添加高光与阴影，使图像产生立体感，常用于制作有立体感的文字或有厚度感的对象效果。选中图层，执行"图层＞图层样式＞斜面和浮雕"命令，打开"斜面和浮雕"对话框进行设置，所选图层会产生凸起效果，如图 6.44 所示。

图 6.43　斜面和浮雕应用前后效果对比

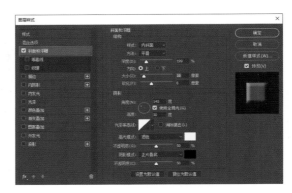

图 6.44　"斜面和浮雕"对话框

1. 斜面和浮雕样式中基本参数设置

（1）样式：从列表中选择斜面和浮雕样式，包括外斜面、内斜面、浮雕效果、枕状浮雕、描边浮雕。选择"外斜面"，可以在图层内容的外侧边缘创建斜面。选择"内斜面"，可以在图层内容的内侧边缘创建斜面。选择"浮雕效果"，可以使图层内容相对于下层图层产生浮雕状的效果。选择"枕状浮雕"，可以模拟图层内容的边缘嵌入下层图层中产生的效果。选择"描边浮雕"，可以将浮雕应用于图层的描边样式的边界，如果图层没有描边样式，则不会产生效果。

（2）方法：用于选择创建浮雕的方法。选择"平滑"可以得到比较柔和的边缘。选择"雕刻清晰"可以得到精确的浮雕边缘。选择"雕刻柔和"可以得到中等水平的浮雕效果。

（3）深度：用于设置浮雕斜面的应用深度，该值越大，浮雕的立体感越强。

（4）方向：用于设置高光和阴影的位置，该选项与光源的角度有关。

（5）大小：该选项表示斜面和浮雕的阴影面积的大小。

（6）软化：用于设置斜面和浮雕的平滑程度。

（7）角度：用于设置光源的发光角度。

（8）高度：用于设置光源的高度。

（9）使用全局光：如果勾选该选项，所有浮雕样式的光照角度都将保持在同一个方向。

（10）光泽等高线：选择不同的等高线样式，可以为斜面和浮雕的表面添加不同的光泽质感，也可以自己编辑等高线样式。

（11）消除锯齿：设置了光泽等高线时，斜面边缘可能会产生锯齿，勾选该选项可以消除锯齿。

（12）高光模式、不透明度：这两个选项用于设置高光的混合模式和不透明度，后面的色块用于设置高光的颜色。

（13）阴影模式、不透明度：这两个选项用于设置阴影的混合模式和不透明度，后面的色块用于设置阴影的颜色。

2. 等高线

在样式列表中，斜面和浮雕样式下方还有另外两个样式：等高线和纹理。单击"斜面和浮雕"样式下面的"等高线"选项可以切换到"等高线"设置面板。等高线样式可以在浮雕中创建凹凸起伏的效果，如图 6.45 所示。

图 6.45　斜面和浮雕样式下等高线设置效果

3. 纹理

勾选图层样式列表中的"纹理"选项可以切换到"纹理"设置面板。纹理样式可以为图层表面模拟凹凸效果，如图 6.46 所示。

图 6.46　斜面和浮雕样式下纹理设置效果

（1）图案：单击"图案"，可以在弹出的"图案"拾色器中选择一个图案，并对其应用斜面和浮雕样式。

（2）贴紧原点：将原点对齐图层或文档的左上角。

（3）缩放：用于设置图案的大小。

（4）深度：用于设置图案纹理的使用程度。

（5）反相：勾选该选项以后，可以反转图案纹理的凹凸方向。

（6）与图层链接：勾选该选项以后，可以将图案和图层链接在一起，这样在对图层进行变换等操作时，图案也会一同变换。

6.3.3 描边

描边样式能够在图层的边缘处添加纯色、渐变以及图案的边缘，如图 6.47 所示。我们可以通过参数设置使描边处于图层边缘以内的部分、图层边缘以外的部分，或者使描边出现在图层边缘内外。选中图层，执行"图层>图层样式>描边"命令，在"描边"对话框中可以对描边大小、位置、混合模式、不透明度、填充类型以及填充类型进行设置，如图 6.48 所示。

图 6.47　描边效果

（1）大小：用于设置描边的粗细，数值越大，描边越粗。

（2）位置：用于设置描边与对象边缘的相对位置。选择"外部"，描边位于对象边缘以外；选择"内部"，描边位于对象边缘以内；选择"居中"，描边一半位于对象边缘以外，一半位于对象边缘以内。

（3）混合模式：用于设置描边内容与底部图层或本图层的混合方式。

（4）不透明度：用于设置描边的不透明度，数值越小，描边越透明。

（5）叠印：勾选此选项，描边的不透明度和混合模式会应用于原图层内容表面。

（6）填充类型：包括渐变、颜色、图案，选择不同方式，下方的参数设置也不相同。

（7）颜色：当填充类型为"颜色"时，可以在此处设置描边的颜色。

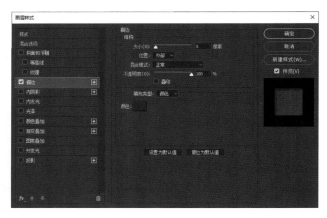

图 6.48　"描边"对话框

6.3.4 内阴影

内阴影样式可以为图层添加从边缘向内产生的阴影样式，会使图层内容产生凹陷效果，如图 6.49 所示。选中图层，执行"图层>图层样式>内阴影"命令，在"内阴影"对话框中可以对内阴影的结构以及品质进行设置，如图 6.50 所示。

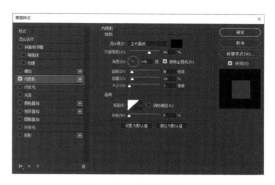

图 6.49　内阴影效果　　　　　　　　图 6.50　"内阴影"对话框

（1）混合模式：用于设置内阴影与图层的混合方式，默认设置为"正片叠底"模式。

（2）阴影颜色：单击"混合模式"选项右侧的颜色块，可以设置内阴影的颜色。

（3）不透明度：设置内阴影的不透明度。数值越小，内阴影越淡。

（4）角度：用于设置内阴影应用于图层时的光照角度，指针方向为光源方向，相反方向为投影方向。

（5）使用全局光：勾选该选项时，可以保持所有光照的角度一致；关闭该选项时，可以为不同的图层分别设置光照角度。

（6）距离：用于设置内阴影偏移图层内容的距离。

（7）阻塞："阻塞"选项可以在模糊之前收缩内阴影的边界。"大小"选项与"阻塞"选项是相互关联的，"大小"选项的数值越高，可设置的"阻塞"范围就越大。

（8）大小："大小"选项用于设置投影的模糊范围，该值越高，模糊范围越广，反之内阴影越清晰。

（9）等高线：以调整曲线的形状来控制内阴影的形状，可以手动调整曲线形状，也可以选择内置的等高线预设曲线形状。

（10）消除锯齿：混合等高线边缘的像素，使投影更加平滑。该选项对于尺寸较小且具有复杂等高线的内阴影比较实用。

（11）杂色：用于在投影中添加杂色的颗粒感效果，数值越大，颗粒感越强。

6.3.5　内发光

　　内发光样式主要用于产生从图层边缘向内发散的光亮效果，如图 6.51 所示。选中图层，执行"图层＞图层样式＞内发光"命令，在"内发光"对话框中可以对内发光样式的结构、图素以及品质进行设置，如图 6.52 所示。

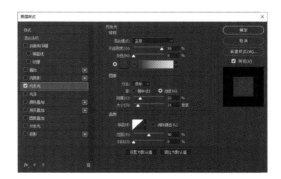

图 6.51　内发光效果　　　　　　　　图 6.52　"内发光"对话框

（1）混合模式：用于设置发光效果与下面图层的混合方式。

（2）不透明度：用于设置发光效果的不透明度。

（3）杂色：在发光效果中添加随机的杂色效果，使光晕产生颗粒感。

（4）发光颜色：单击"杂色"选项下面的颜色块，可以设置发光颜色；单击颜色块后面的渐变条，可以在"渐变编辑器"对话框中选择或编辑渐变色。

（5）方法：用于设置发光的方式。选择"柔和"方法，发光效果比较柔和；选择"精确"选项，可以得到精确的发光边缘。

（6）源：用于控制光源的位置。

（7）阻塞：用于在模糊之前收缩发光的杂边边界。

（8）大小：用于设置光晕范围的大小。

（9）等高线：使用等高线可以控制发光的形状。

（10）消除锯齿：混合等高线边缘的像素，使投影更加平滑。该选项对于尺寸较小且具有复杂等高线的内阴影比较实用

（11）范围：控制发光中作为等高线目标的部分或范围。

（12）抖动：改变渐变的颜色和不透明度的应用。

6.3.6　光泽

光泽样式可以为图层添加类似受到光线照射后，表面产生的映射效果，如图6.53所示。光泽样式通常用来制作具有光泽质感的按钮和金属。选中图层，执行"图层＞图层样式＞光泽"命令，在"光泽"对话框中可以对光泽样式的颜色、混合模式、不透明度、角度、距离、大小、等高线进行设置，如图6.54所示。

图6.53　光泽效果

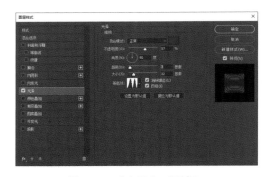

图6.54　"光泽"对话框

6.3.7　颜色叠加

颜色叠加样式可以为图层整体赋予某种颜色，如图6.55所示。选中图层，执行"图层＞图层样式＞颜色叠加"命令，在"颜色叠加"对话框中可以通过调整颜色的混合模式与不透明度来调整该图层的效果，如图6.56所示。

6.3.8　渐变叠加

渐变叠加样式与颜色叠加样式非常接近，都是以特定的混合模式与不透明度使某种色彩混合于所选图层，但是渐变叠加样式是以渐变颜色对图层进行覆盖，主要用于使图层产生某种渐变色的效果，如图6.57所示。渐变叠加样式不仅能够制作带有多种颜色的对象，而且能够通过巧妙的渐变颜色设置制作出

突起、凹陷等三维效果以及带有反光的质感效果。选中图层，执行"图层>图层样式>渐变叠加"命令，在"渐变叠加"对话框中可以对渐变叠加样式的渐变颜色、混合模式、角度、缩放等参数选项进行设置，如图6.58所示。

图 6.55　颜色叠加效果

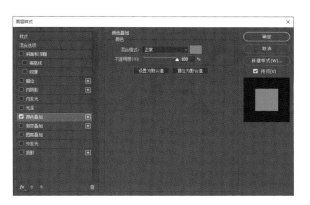

图 6.56　　"颜色叠加"对话框

图 6.57　渐变叠加效果

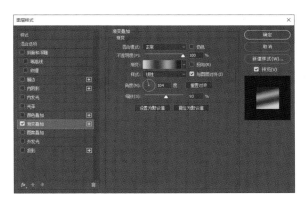

图 6.58　　"渐变叠加"对话框

6.3.9　图案叠加

图案叠加样式与颜色叠加和渐变叠加样式相似，图案叠加样式可以在图层上叠加图案，如图6.59所示。选中图层，执行"图层>图层样式>图案叠加"命令，在"图案叠加"对话框中可以对图案叠加样式的图案、混合模式、不透明度等参数选项进行设置，如图6.60所示。

图 6.59　图案叠加效果

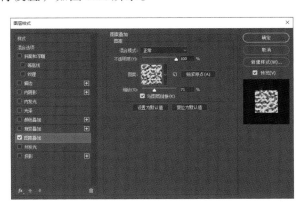

图 6.60　　"图案叠加"对话框

6.3.10　外发光

外发光样式与内发光样式非常相似，外发光样式可以沿图层内容的边缘向外创建发光效果，如图 6.61 所示。选中图层，执行"图层＞图层样式＞外发光"命令，在"外发光"对话框中可以对外发光样式的结构、图素以及品质进行设置，如图 6.62 所示。外发光样式可用于制作自发光效果，以及人像或者其他对象的梦幻般的光晕效果。

图 6.61　外发光效果

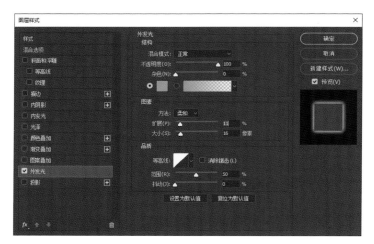

图 6.62　"外发光"对话框

6.3.11　投影

投影样式与内阴影样式比较相似，投影样式用于制作图层边缘向后产生的阴影效果，如图 6.63 所示。选中图层，执行"图层＞图层样式＞投影"命令，可以通过设置参数来增强某部分的层次感以及立体感，如图 6.64 所示。

（1）混合模式：用于设置投影与下面图层的混合方式，默认设置为"正片叠底"模式。

（2）阴影颜色：单击"混合模式"选项右侧的颜色块，可以设置阴影的颜色。

（3）不透明度：用于设置投影的不透明度，数值越小，投影越淡。

（4）角度：用于设置投影应用于图层时的光照角度，指针方向为光源方向，相反方向为投影方向。

（5）使用全局光：勾选该选项时，可以保持所有光照的角度一致；关闭该选项时，可以为不同的图层分别设置光照角度。

（6）距离：用于设置投影偏移图层内容的距离。

（7）大小：用于设置投影的模糊范围，该值越大，模糊范围越广，反之投影越清晰。

（8）扩展：用于设置投影的扩展范围。注意，该值会受到"大小"选项的影响。

（9）等高线：以调整曲线的形状来控制投影的形状，可以手动调整曲线形状，也可以选择内置的等高线预设。

（10）消除锯齿：混合等高线边缘的像素，使投影更加平滑。该选项对于尺寸较小且具有复杂等高线的投影比较实用。

（11）杂色：用于在投影中添加杂色的颗粒感效果，数值越大，颗粒感越强。

（12）图层挖空投影：用于控制半透明图层中投影的可见性。勾选该选项后，如果当前图层的"填充"数值小于 100%，则半透明图层中的投影不可见。

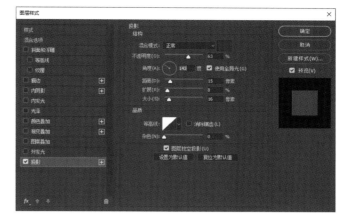

图 6.63　投影效果　　　　　　　　图 6.64　"投影"对话框

6.4　"样式"面板

图层样式是平面设计中常用的一项功能。很多时候，不同的设计作品可能会使用相同的样式，那么我们就可以将这个样式储存到"样式"面板中，以供调用。我们也可以载入外部的"样式库"文件，使用已经编辑好的漂亮样式。执行"窗口＞样式"命令，打开"样式"面板，在"样式"面板中可以进行载入、删除、重命名等操作。

6.4.1　为图层快速赋予样式

选中一个图层，执行"窗口＞样式"命令，打开"样式"面板，在其中单击一个图层样式，此时该图层上就会出现相应的图层样式，如图 6.65 所示。

图 6.65　利用"样式"面板添加图层样式

6.4.2　载入其他的内置图层样式

在默认情况下，"样式"面板中只显示很少的样式，而"样式"面板菜单的下半部分还包含着大量的预设样式库。单击菜单中的某一种样式库，系统会弹出一个提示对话框，单击"确定"按钮可以载入样式库并替换"样式"面板中的所有样式，单击"追加"按钮可以将该样式库添加到原有样式的后面，如图 6.66 所示。

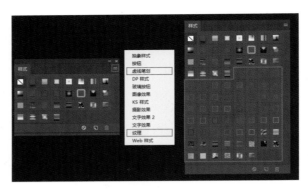

图 6.66　载入样式

6.4.3　创建新样式

对于一些比较常用的样式效果，我们可以将其储存在"样式"面板中以备调用。选中制作好的带有图层样式的图层，在"样式"面板中单击"创建新样式"按钮，在弹出的"新建样式"对话框中为样式设置一个名称，勾选"包含图层混合选项"使创建的样式具有图层中的混合模式，单击"确定"按钮，新建的样式会保存在"样式"面板中，如图6.67所示。

图 6.67　创建新样式

6.4.4　将样式储存为样式库文件

已经储存在"样式"面板中的样式在重新安装Photoshop或者重装电脑系统后可能都会"消失"。为了避免这种情况的发生，也为了能够在不同设备上轻松使用之前常用的图层样式。我们可以将"样式"面板中的部分样式储存为独立的文件——样式库文件。

执行"编辑＞预设＞预设管理器"命令打开"预设管理器"对话框，设置预设类型为"样式"，选择需要储存的样式（可以多选），单击"存储设置"按钮，选择一个储存路径，得到一个后缀为.asl的文件（样式库文件），如图6.68所示。

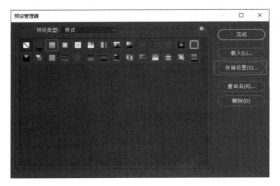

图 6.68　储存为样式库文件

6.4.5　外挂样式库

上一节我们学会了将样式导出为".asl"格式的样式库文件，那么如何载入".asl"格式的样式库文件呢？

如果想要载入外部样式库文件，可以在"样式"面板菜单中执行"载入样式"命令，并选择".asl"格式的样式库文件，如图6.69所示。

图6.69　载入样式库文件

6.5　综合实例

利用图层功能及图层样式制作冰淇淋海报，如图6.70所示。

图6.70　冰淇淋海报

Photoshop Shixun Jiaocheng

第 7 章

蒙版与合成

"蒙版"原本是摄影术语，是指用于控制照片不同区域曝光的传统暗房技术。在Photoshop中，蒙版，主要用于画面的修饰与合成。Photoshop中共有四种蒙版：剪贴蒙版、图层蒙版、矢量蒙版和快速蒙版。这四种蒙版的原理与操作方式各不相同，本章主要讲解Photoshop中四种蒙版的使用方法。

7.1　什么是蒙版

在制作合成作品的过程中，我们经常需要将图片的某些部分隐藏，以便显示出特定内容。直接擦掉或者删除多余的部分是一种"破坏性"的操作，被删除的像素无法复原。借助Photoshop中的蒙版功能能够轻松地隐藏部分区域，显示出被隐藏的区域也是可以实现的，如图7.1所示。

图 7.1　蒙版使用效果

Photoshop中共有四种蒙版：剪贴蒙版、图层蒙版、矢量蒙版和快速蒙版。这四种蒙版的原理与操作方式各不相同，下面我们简单了解一下各种蒙版的特性。

剪贴蒙版：以下层图层的形状控制上层图层的显示内容，常用于合成中为某个图层赋予另外一个图层中的内容。

图层蒙版：通过"黑白"来控制图层内容的显示和隐藏。图层蒙版是经常使用的功能，常用于合成中图像某部分区域的隐藏。

矢量蒙版：以路径的形态控制图层内容的显示和隐藏。路径以内的部分被显示，路径以外的部分被隐藏。由于以矢量路径进行控制，矢量蒙版可以实现蒙版的无损缩放。

快速蒙版：以"绘图"的方式创建各种随意的选区，与其说是一种蒙版，不如说是选区工具。

7.2　剪贴蒙版

剪贴蒙版需要至少有两个图层才能够使用。其原理是使用处于下方图层（基底图层）的形状限制上方图层（内容图层）的显示内容，如图7.2所示。也就是说基底图层的形状决定了形状，内容图层控制显示的图案。

图7.2　剪贴蒙版

7.2.1　创建剪贴蒙版

想要创建剪贴蒙版，必须有两个或两个以上的图层，一个图层作为基底图层，其他图层作为内容图层。打开一个包含多个图层的文档，在上方的用作内容图层的图层上单击鼠标右键，执行"创建剪贴蒙版"命令，内容图层前方出现了向下的指向箭头符号，表明此时已经为下方的图层创建了剪贴蒙版，而且内容图层只显示了下方文字图层中的部分，如图7.3所示。

7.2.2　释放剪贴蒙版

如果想要去除剪贴蒙版，可以在剪贴蒙版组中最底部的内容图层上单击鼠标右键，在弹出的菜单中选择"释放剪贴蒙版"命令释放整个剪贴蒙版组，如图7.4所示。

图7.3　创建剪贴蒙版

图7.4　释放剪贴蒙版

7.3　图层蒙版

图层蒙版只应用于一个图层上。为某个图层添加"图层蒙版"后，我们可以通过在图层蒙版中绘制黑色或者白色，从而控制图层的显示与隐藏。图层蒙版是一种"非破坏性"的抠图方式。在图层蒙版中，黑色部分的内容会变为透明，灰色部分的内容会变为半透明，白色部分的内容会变为不透明，如图7.5所示。

图7.5　图层蒙版中黑、白、灰三色呈现效果

7.3.1　创建图层蒙版

创建图层蒙版有两种方式：在没有任何选区的情况下创建空的蒙版，画面中的内容不会被隐藏；在包含选区的情况下创建图层蒙版，选区内部的部分为显示状态，选区以外的部分会被隐藏。

1.直接创建图层蒙版

选择一个图层，单击"图层"面板底部的"创建图层蒙版"按钮，即可为该图层添加图层蒙版，该图层的缩览图右侧会出现一个图层蒙版缩览图的图标，如图7.6所示。每个图层只能有一个图层蒙版，如果已有图层蒙版，再次单击该按钮创建出的是矢量蒙版。图层组、文字图层、3D图层、智能对象等特殊图层都可以创建图层蒙版。

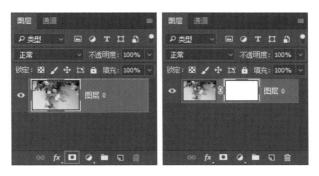

图7.6　创建空白蒙版

单击图层蒙版缩览图，可以使用画笔工具在蒙版中进行涂抹，且只能使用灰度颜色进行绘制。蒙版中被绘制了黑色的部分的图像会隐藏，蒙版中被绘制了白色的部分的图像会显示，如图7.7所示。蒙版中被绘制了灰色的区域的图像会以半透明的方式显示，如图7.8所示。

图7.7　蒙版绘制黑色呈现效果

图7.8　蒙版绘制灰色呈现效果

我们还可以使用渐变工具或油漆桶工具对图层蒙版进行填充，如图7.9所示。单击图层蒙版缩览图，使用渐变工具在蒙版中设置从黑到白的渐变，白色部分显示，黑色部分隐藏，灰度部分为半透明的过渡效果。使用油漆桶工具，在选项栏中设置填充类型为"图案"，然后选中一个图案，在图层蒙版中进行填充，图案内容会转换为灰度。

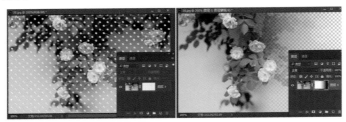

图7.9　使用图案及渐变填充蒙版呈现效果

2. 基于选区添加图层蒙版

如果当前画面中包含选区，单击选中需要添加图层蒙版的图层，单击"图层"面板底部的"添加图层蒙版"按钮，选区以内的图像将显示，选区以外的图像将被图层蒙版隐藏，如图7.10所示。

图7.10　利用选区创建蒙版

7.3.2　编辑图层蒙版

对于已有的图层蒙版，我们可以停用蒙版、删除蒙版、取消蒙版与图层之间的链接使图层和蒙版可以分别调整，还可以对蒙版进行复制或转移。图层蒙版的很多操作对于矢量蒙版同样适用。

1. 停用图层蒙版

在图层蒙版缩览图上单击鼠标右键，执行"停用图层蒙版"命令，即可停用图层蒙版，使蒙版效果隐藏，使原图层内容全部显示出来，如图7.11所示。矢量蒙版操作相同。

2. 启用图层蒙版

在停用图层蒙版以后，如果要重新启用图层蒙版，可以在图层蒙版缩览图上单击鼠标右键，然后选择"启用图层蒙版"命令，如图7.12所示。矢量蒙版操作相同。

图7.11　"停用图层蒙版"命令

3. 删除图层蒙版

如果要删除图层蒙版，可以在图层蒙版缩览图上单击鼠标右键，然后在弹出的菜单中选择"删除图层蒙版"命令。矢量蒙版操作相同。

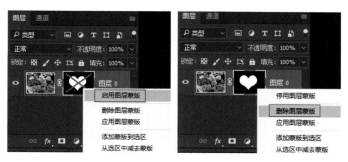

图 7.12　"启用图层蒙版"和"删除图层蒙版"命令

4.链接图层蒙版

在默认情况下，图层与图层蒙版之间带有一个链接图标，此时移动、变换原图层，蒙版也会发生变化。如果不想变换图层或蒙版时影响对方，可以单击链接图标取消链接。如果要恢复链接，可以在取消链接的地方单击鼠标左键，如图 7.13 所示。矢量蒙版操作相同。

5.应用图层蒙版

应用图层蒙版可以将蒙版效果应用于原图层，并且删除图层蒙版。图像中对应蒙版中的黑色区域删除，白色区域保留下来，而灰色区域将呈半透明效果。在图层蒙版缩览图上单击鼠标右键，选择"应用图层蒙版"命令，如图 7.14 所示。

图 7.13　链接图层蒙版图标

图 7.14　执行"应用图层蒙版"命令

6.转移图层蒙版

图层蒙版是可以在图层之间转移的。在要转移的图层蒙版缩览图上按住鼠标左键并拖曳到其他图层上，松开鼠标即可将该图层的蒙版转移到其他图层上，如图 7.15 所示。矢量蒙版操作相同。

7.替换图层蒙版

将一个图层蒙版移动到另外一个带有图层蒙版的图层上，可以替换该图层的图层蒙版，如图 7.16 所示。矢量蒙版操作相同。

8.复制图层蒙版

如果要将一个图层的蒙版复制到另外一个图层上，可以在按住 Alt 键的同时，将图层蒙版拖曳到另外一个图层上，如图 7.17 所示。矢量蒙版操作相同。

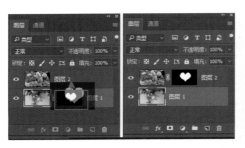

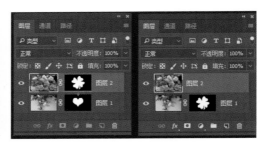

图7.15　转移图层蒙版操作　　　　　　　**图7.16　替换图层蒙版操作**

9. 载入蒙版的选区

蒙版可以转换为选区。在按住Ctrl键的同时单击图层蒙版缩览图，蒙版中白色的部分为选区以内，黑色的部分为选区以外，灰色的部分为羽化的选区，如图7.18所示。

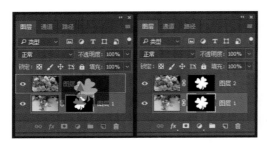

图7.17　复制图层蒙版操作　　　　　　　**图7.18　载入蒙版的选区**

10. 图层蒙版与选区相加减

图层蒙版与选区可以相互转换，已有的图层蒙版可以被当作选区，与其他选区进行选区运算。如果当前图像中存在选区，在图层蒙版缩览图上单击鼠标右键，可以看到3个关于蒙版与选区运算的命令（见图7.19），执行其中某一项命令即可将图层蒙版选区与现有选区进行加、减或交叉。

添加蒙版到选区　　　　　　　从选区中减去蒙版　　　　　　　蒙版与选区交叉

图7.19　蒙版与选区加、减、交叉操作

7.4　矢量蒙版

矢量蒙版与图层蒙版较为相似，都依附于某一个图层、图层组，差别在于矢量蒙版通过路径形状控制图像的显示区域。路径范围以内的区域被显示，路径以外的部分被隐藏。矢量蒙版可以说是一款矢量工具，可以使用钢笔或形状工具在蒙版上绘制路径，从而控制图像的显示、隐藏。矢量蒙版上的路径还可以方便地调整形态，从而制作出精确的蒙版区域。

7.4.1　创建矢量蒙版

1. 以当前路径创建矢量蒙版

想要创建矢量蒙版，可以先在画面中绘制一个路径（路径是否闭合均可），然后执行"图层＞矢量蒙版＞当前路径"命令，即可基于当前路径为图层创建一个矢量蒙版，如图7.20所示。

图7.20　以当前路径创建蒙版效果

2. 创建新的矢量蒙版

按住Ctrl键并单击"图层"面板底部的按钮，可以为图层添加一个新的矢量蒙版，如图7.21所示。当图层已有图层蒙版时，单击"图层"面板底部的按钮，可以为该图层创建一个矢量蒙版。第一个蒙版缩览图为图层蒙版，第二个蒙版缩览图为矢量蒙版。

7.4.2　栅格化矢量蒙版

栅格化矢量蒙版就是将矢量蒙版转换为图层蒙版，是一个矢量对象栅格化为像素的过程。在矢量蒙版缩览图上单击鼠标右键，选择"栅格化矢量蒙版"命令，矢量蒙版会变为图层蒙版，如图7.22所示。

图7.21　创建新的矢量蒙版

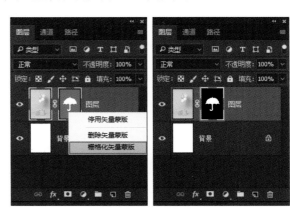

图7.22　栅格化矢量蒙版

7.5　快速蒙版

　　快速蒙版与其说是一种蒙版，不如说是一种选区工具，因为使用快速蒙版工具创建出的对象就是选区，但是使用快速蒙版工具创建选区的方式与使用其他选区工具创建选区的方式有所不同，如图7.23所示。

图7.23　快速蒙版工具

7.6　使用"属性"面板调整蒙版

　　"属性"面板可以对很多对象进行调整，同样可以对图层蒙版和矢量蒙版进行一些编辑操作。执行"窗口＞属性"命令打开"属性"面板，在"图层"面板中单击图层蒙版缩览图，此时"属性"面板中显示当前图层蒙版的相关信息。如果在"图层"面板中单击矢量蒙版缩览图，"属性"面板中显示当前矢量蒙版的相关信息。两种蒙版的可使用功能基本相同，差别在于面板右上角的"添加矢量蒙版"按钮和"添加图层蒙版"按钮，如图7.24所示。

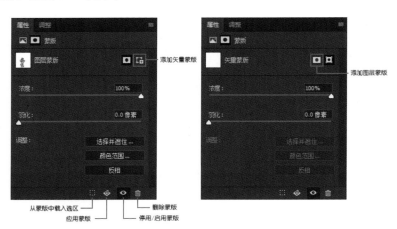

图7.24　"属性"面板中的蒙版信息

（1）　添加图层蒙版、添加矢量蒙版：单击"添加图层蒙版"按钮，可以为当前图层添加一个图层蒙版；单击"添加矢量蒙版"按钮，可以为当前图层添加一个矢量蒙版。

（2）　浓度：该选项类似于图层的"不透明度"，用于控制蒙版的不透明度，也就是蒙版遮盖图像的强度。

（3）　羽化：用于控制蒙版边缘的柔化程度。数值越大，蒙版边缘越柔和；数值越小，蒙版边缘越生硬。

（4）　选择并遮住：单击该按钮，可以打开"选择并遮住"对话框。在该对话框中，我们可以修改蒙版边缘，也可以使用不同的背景来查看蒙版。该选项在矢量蒙版中不可用。

（5）　颜色范围：单击该按钮，可以打开"色彩范围"对话框。在该对话框中，我们可以通过修改"颜色容差"来修改蒙版的边缘范围。该选项在矢量蒙版中不可用。

（6）　反相：单击该按钮，可以反转蒙版的遮盖区域，即蒙版中黑色部分会变成白色，白色部分会变成黑色，未遮盖的图像将调整为负片。该选项在矢量蒙版中不可用。

（7）　从蒙版中载入选区：单击该按钮，可以从蒙版中生成选区。另外，按住Ctrl键并单击蒙版缩览图也可以载入蒙版的选区。

（8）　应用蒙版：单击该按钮可将蒙版应用到图像中，同时删除蒙版以及被蒙版遮盖的区域。

（9）　停用、启用蒙版：单击该按钮，可以停用或重新启用蒙版。停用蒙版后，在"属性"面板的缩览图和"图层"面板中的蒙版缩览图中都会出现一个红色的交叉线。

（10）　删除蒙版：单击该按钮，可以删除当前选择的蒙版。

7.7　综合实例

使用多种蒙版制作灯泡月亮创意海报，如图7.25所示。

图7.25　灯泡月亮创意海报

Photoshop Shixun Jiaocheng

第 8 章

矢量绘图与钢笔路径

绘图是 Photoshop 的一项重要功能，除了使用画笔工具进行绘图外，矢量绘图也是一种常用的方式。矢量绘图是一种风格独特的插画方式，画面内容通常由颜色不同的图形构成，图形边缘锐利，形态简洁明了，画面颜色鲜艳动人。Photoshop 中有两大类可以用于绘图的矢量工具：钢笔工具以及形状工具。钢笔工具用于绘制不规则的形态；形状工具用于绘制规则的几何图形，如椭圆形、矩形、多边形等。形状工具的使用方法非常简单。使用钢笔工具绘制路径并抠图的方法在前面的章节中进行过讲解，本章主要针对钢笔绘图以及形状绘图的方式进行讲解。

8.1　什么是矢量绘图

矢量绘图是一种比较特殊的绘图模式，与使用画笔工具绘图不同：使用画笔工具绘制出的内容为像素，因而使用画笔工具绘图是一种典型的位图绘图方式；采用矢量绘图绘制出的内容为路径和填色，是一种质量不受画面尺寸影响的绘图方式。Photoshop 的矢量绘图工具包括钢笔工具和形状工具。钢笔工具主要用于绘制不规则的图形，形状工具主要通过选取内置的图形样式绘制较为规则的图形。

矢量图形是由一条条直线和曲线构成的，在填充颜色时，系统将按照用户指定的颜色沿曲线的轮廓线边缘进行着色处理。矢量图形的颜色与分辨率无关，图形被缩放时，对象能够维持原有的清晰度以及弯曲度，颜色和外形也都不会发生偏差和变形，如图 8.1 所示。所以，矢量图经常用于户外大型喷绘或巨幅海报等印刷尺寸较大的项目。

图 8.1　矢量图放大效果

8.1.1　路径与锚点

在矢量制图的世界中，我们知道图形都是由路径以及颜色构成的。那么什么是路径呢？路径是由锚点及锚点之间的连接线构成的。两个锚点就可以构成一条路径，三个锚点就可以定义一个面。锚点的位置决定着连接线的动向。所以，可以说矢量图的创作过程就是创作路径、编辑路径的过程。

路径上的转角有的是平滑的，有的是尖锐的，如图 8.2 所示。

路径可以被概括为三种类型，即闭合路径、开放路径以及复合路径，如图 8.3 所示。

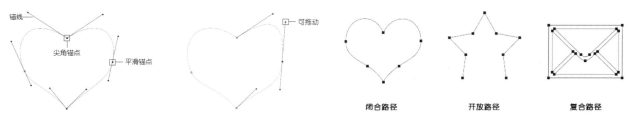

图 8.2　路径中的锚点、锚线　　　　　　　图 8.3　路径的三种类型

8.1.2　钢笔工具的使用

1. 认识钢笔工具

在使用钢笔工具之前，我们要认识几个概念。使用钢笔工具以路径模式绘制出的对象是路径。路径是由一些锚点连接而成的线段或者曲线。当调整锚点位置或弧度时，路径形态也会发生变化，如图 8.4 所示。

锚点可以决定路径的走向以及弧度。锚点有两种：尖角锚点和平滑锚点。平滑锚点上会显示一条或两条锚线（有时也被称为方向线、控制棒、控制柄），锚线两端为方向点，方向线和方向点的位置共同决定了这个锚点的弧度，如图 8.5 所示。

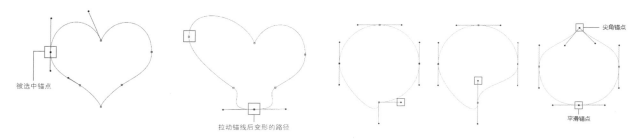

图 8.4　路径的锚点变化　　　　　　　　　图 8.5　路径的锚线变化

我们可以使用钢笔工具进行精确抠图或者绘图，一般会使用到钢笔工具组和选择工具组，包括钢笔工具、自由钢笔工具、添加锚点工具、删除锚点工具、转换点工具、路径选择工具、直接选择工具，如图 8.6 所示。钢笔工具和自由钢笔工具用于绘制路径，剩余的工具用于调整路径的形态。通常我们会使用钢笔工具尽可能准确地绘制出路径，然后使用其他工具进行细节形态的调整。

图 8.6　钢笔工具组及选择工具组

2. 使用钢笔工具绘制路径

绘制直线、折线和曲线路径如图 8.7 至图 8.9 所示。
绘制闭合路径以及继续绘制未完成路径如图 8.10 和图 8.11 所示。

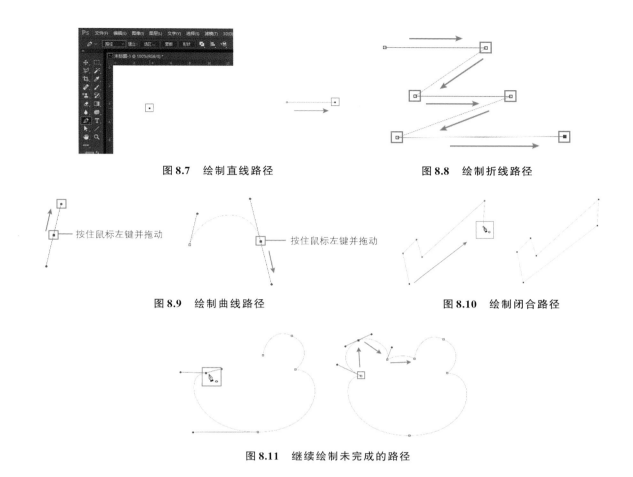

图 8.7　绘制直线路径　　　　　图 8.8　绘制折线路径

图 8.9　绘制曲线路径　　　　　图 8.10　绘制闭合路径

图 8.11　继续绘制未完成的路径

3. 编辑路径形态

1）选择路径、移动路径

单击工具箱中的"路径选择工具"，在需要选中的路径上单击，此时路径上的锚点出现，表明该路径处于选中状态，按住鼠标左键并拖动即可移动该路径，如图 8.12 所示。

2）选择锚点、移动锚点

右键单击"选择工具组"按钮，在工具组列表中单击"直接选择工具"，选择路径上的锚点或者方向线，选中之后可以移动锚点、调整方向线，如图 8.13 所示。

图 8.12　选择并移动路径

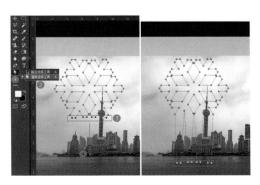

图 8.13　选择并移动部分锚点

3）添加锚点

路径上的锚点较少，就无法精细地刻画细节，我们可以使用添加锚点工具在路径上添加锚点，也可以直接使用钢笔工具在路径上单击添加锚点，如图8.14所示。

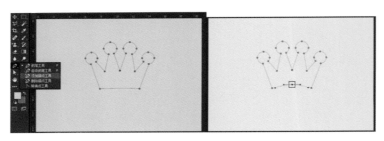

图8.14　添加锚点

4）删除锚点

要删除多余的锚点，可以使用钢笔工具组中的删除锚点工具，也可以直接使用钢笔工具移动到不需要的锚点上单击删除锚点，如图8.15所示。

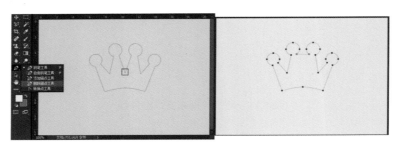

图8.15　删除锚点

5）转换锚点类型

转换点工具可以将锚点在尖角锚点与平滑锚点之间转换，如图8.16所示。

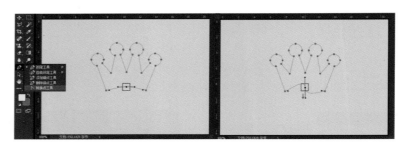

图8.16　转换锚点

4.将路径转换为选区

完成路径绘制后，想要抠图，最重要的一个步骤就是将路径转换为选区。在使用钢笔工具的状态下，在路径上单击鼠标右键，执行"建立选区"命令，在弹出的"建立选区"对话框中可以进行"羽化半径"的设置，如图8.17所示。

图8.17　"建立选区"对话框

5. 自由钢笔工具

自由钢笔工具也是绘制路径的一种工具，但是自由钢笔工具并不适合用于绘制精确的路径，这是因为自由钢笔工具绘制路径的方法是：在画面中按住鼠标左键并随意拖动鼠标，光标经过的区域即形成路径，如图8.18所示。

6. 磁性钢笔工具

磁性钢笔工具并不是一个独立的工具，而是需要在使用自由钢笔工具的状态下，在选项栏中勾选"磁性的"选项，此时工具将切换为磁性钢笔工具。在画面中主体物边缘单击并沿轮廓拖动光标，可以看到磁性钢笔会自动捕捉颜色差异较大的区域创建路径，如图8.19所示。

图8.18　使用自由钢笔工具绘制路径

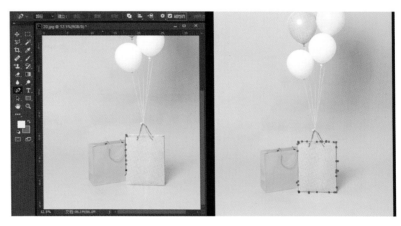

图8.19　使用磁性钢笔工具创建路径

8.1.3　矢量绘图的几种模式

在使用钢笔工具或形状工具绘图前，我们要在工具选项栏中选择绘图模式，即形状模式、路径模式和像素模式，如图8.20所示。注意，像素模式无法在钢笔工具状态下使用。

8.1.4　使用形状模式绘图

在使用形状工具组中的工具或钢笔工具时，我们可将绘制模式设置为形状模式。在形状模式下，我们可以设置形状的填充（可以设置为纯色填充、渐变填充、图案填充或者无填充），还可以设置描边的颜色、粗细以及描边样式，如图8.21所示。

图8.20　矢量绘图的模式

图8.21　使用形状模式绘图

8.1.5 使用像素模式绘图

在像素模式下绘制的图形以当前的前景色进行填充，并且在当前所选的图层中绘制。设置一个合适的前景色，选择形状工具组中的任意一个工具，接着在选项栏中设置绘制模式为"像素"，设置合适的混合模式与不透明度，选择一个图层，按住鼠标左键拖曳即可进行绘制，如图8.22所示。绘制完成后只有一个纯色的图形，没有路径，也没有新出现的图层。

图8.22 使用像素模式绘图

8.1.6 什么时候需要使用矢量绘图

矢量工具包括几种不同的绘图模式，不同的工具在使用不同绘图模式时用途也不相同。

抠图、绘制精确选区：钢笔工具＋路径模式。绘制出精确的路径后，转换为选区可以进行抠图或者以局部选区对画面细节进行编辑。

需要打印的大幅面设计作品：钢笔工具＋形状模式，形状工具＋形状模式。由于平面设计作品经常需要进行打印或印刷，如果需要将作品尺寸增大，以矢量对象存在的元素不会因为增大或缩小图像尺寸而影响质量，所以最好使用矢量元素进行绘图。

绘制矢量插画：钢笔工具＋形状模式，形状工具＋形状模式。使用形状模式进行插画绘制，既可方便地设置颜色，又可方便地进行重复编辑。

8.2 使用形状工具组

右键单击工具箱中的"形状工具组"按钮，在弹出的工具组中可以看到六种形状工具，如图8.23所示，使用这些形状工具可以绘制出各种各样的常见形状。

图8.23 形状工具组

8.2.1 矩形工具

使用矩形工具可以绘制出标准的矩形对象和正方形对象。矩形在设计中的应用非常广泛。单击工具箱中的"矩形工具"按钮，在画面中按住鼠标左键拖曳，释放鼠标即可完成一个矩形对象的绘制，如图

8.24所示。在选项栏中单击矩形图标可以打开矩形工具的设置选项。

8.2.2 圆角矩形工具

圆角矩形在设计中的应用非常广泛，它不似矩形那样锐利、棱角分明，给人一种圆润、光滑的感觉，富有亲和力。圆角矩形工具的使用方法与矩形工具的使用方法基本相同，如图8.25所示。

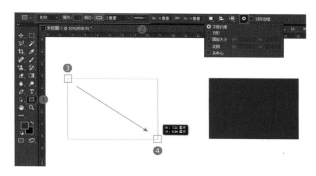

图8.24 使用矩形工具绘制矩形对象

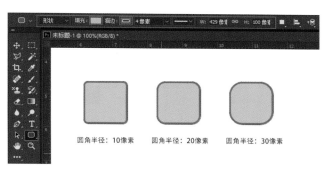

图8.25 圆角矩形工具的使用示例

8.2.3 椭圆工具

使用椭圆工具可绘制出椭圆形和正圆形，如图8.26所示。在形状工具组上单击鼠标右键可以选择"椭圆工具"。如果要创建椭圆，可以在画面中按住鼠标左键并拖动，松开光标即可创建出椭圆形。如果要创建正圆形，可以按住Shift键或Shift＋Alt快捷键（以鼠标单击点为中心）进行绘制。

8.2.4 多边形工具

使用多边形工具可以创建出各种边数的多边形（最少为3条边），如图8.27所示。在形状工具组上单击鼠标右键可以选择"多边形工具"。我们可以在选项栏中设置"边"数，还可以在多边形工具选项中设置半径、平滑拐点、星形等参数。设置完毕后在画面中按住鼠标左键拖曳，松开鼠标即可完成绘制操作。

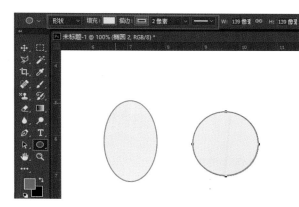

图8.26 使用椭圆工具绘制椭圆行和正圆形

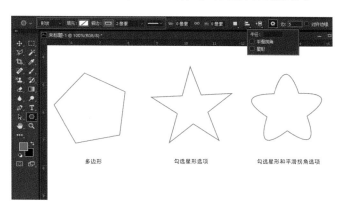

图8.27 使用多边形工具绘制多边形

8.2.5 直线工具

使用直线工具可以创建出直线和带有箭头的形状，如图8.28所示。右键单击形状工具组，在其中选

择"直线工具",在选项栏中设置合适的填充、描边,调整"粗细"数值使直线的宽度适宜,按住鼠标左键拖曳即可进行绘制。

8.2.6 自定形状工具

使用自定形状工具可以创建出非常多的形状,如图 8.29 所示。右键单击工具箱中的形状工具组,在其中选择"自定形状工具",在选项栏中单击"形状"按钮,在下拉面板中单击选择一种形状,在画面中按住鼠标左键拖曳即可进行绘制。

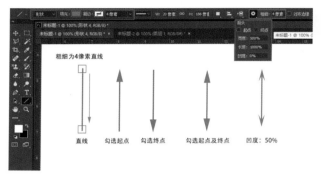

图 8.28 使用直线工具创建直线和带有箭头的形状　　　　**图 8.29 使用自定形状工具创建形状**

8.3　矢量对象的编辑操作

在矢量绘图时,最常用到的就是路径以及形状这两种矢量对象。形状对象是单独的图层,所以操作方式与图层的操作基本相同。但是路径对象是一种"非实体"对象,不依附于图层,也不具有填色、描边等属性,只能通过转换为选区后进行其他操作。所以路径对象的操作方法与其他对象有所不同,想要调整路径位置,对路径进行对齐分布等操作,都需要使用特殊的工具。

8.3.1 移动路径

如果绘制的是形状对象或像素,选中该图层,使用移动工具进行移动即可。如果绘制的是路径,想要改变图形的位置,可以单击工具箱中的"路径选择工具"按钮,在路径上单击选中该路径,按住鼠标左键并拖动光标进行移动,如图 8.30 所示。

图 8.30 移动路径

8.3.2　路径操作

在使用钢笔工具或形状工具以形状模式或路径模式进行绘制时，在选项栏中可以看到"路径操作"的按钮，单击该按钮，在下拉菜单中可以看到多种路径的操作方式，如图8.31所示。

8.3.3　变换路径

我们可以选择路径或形状对象，使用快捷键Ctrl＋T调出定界框进行变换，也可以单击鼠标右键，在弹出的快捷菜单中选择相应的变换命令，还可以执行"编辑＞变换路径"菜单下的命令进行变换，如图8.32所示。变换路径与变换图像的使用方法是相同的。

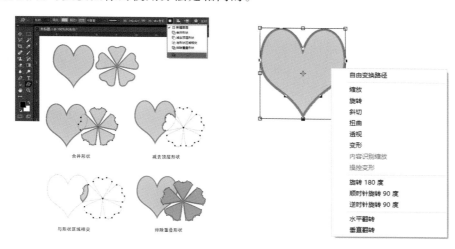

图8.31　路径操作方式　　　　　　　　图8.32　变换路径

8.3.4　对齐、分布路径

对齐与分布可以对路径或者形状中的路径进行操作。如果是形状中的路径，需要所有路径在一个图层内，使用"路径选择工具"选择多个路径，单击选项栏中的"路径对齐方式"按钮，在弹出的菜单中对所选路径进行对齐、分布。图8.33所示为垂直居中对齐和底边对齐的效果。路径的对齐、分布与图层的对齐、分布使用方法是一样的。

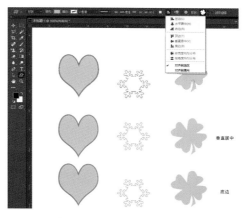

图8.33　对齐、分布路径

8.3.5　调整路径排列顺序

当文档中包含多个路径，或者一个形状图层中包括多个路径时，可以调整这些路径的排列顺序，不同的排列顺序会影响路径运算的结果。选择路径，单击属性栏中的"路径排列方法"按钮，在下拉列表中单击并执行相关命令，可以将选中的路径的层级关系进行相应的排列，如图8.34所示。

图 8.34　调整路径排列顺序

8.3.6　定义自定形状

如果某个图形比较常用，我们可以将其定义为"形状"，以便随时在自定形状工具中使用。选择需要定义的路径，执行"编辑＞定义自定形状"命令，在弹出的"形状名称"对话框中设置合适的名称，单击"确定"按钮完成定义操作，单击工具箱中的"自定形状工具"按钮，在选项栏中单击形状下拉列表按钮，就可以在形状预设中看到刚刚自定的形状了，如图8.35所示。

图 8.35　定义自定形状

8.3.7　填充路径

绘制路径，在使用钢笔工具或形状工具（自定形状工具除外）的状态下，在路径上单击鼠标右键执行"填充路径"命令打开"填充路径"对话框，我们可以在该对话框中以前景色、背景色、图案等内容进行填充，使用方法与"填充"对话框一样，如图8.36所示。

图 8.36　填充路径

8.3.8　描边路径

"描边路径"命令能够以设置好的绘画工具沿路径的边缘创建描边，如使用画笔、铅笔、橡皮擦、仿制图章等进行路径描边，如图8.37所示。

8.3.9　删除路径

在进行路径描边之后，我们经常需要删除路径。我们可以选择"路径选择工具"，单击选择需要删除的路径，按一下键盘上的Delete键进行删除，也可以在使用矢量工具的状态下单击鼠标右键执行"删除路径"命令，如图8.38所示。

图 8.37　描边路径

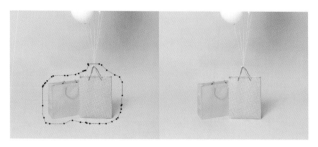

图 8.38　删除路径

图 8.39　"路径"面板

8.3.10　使用"路径"面板管理路径

　　"路径"面板主要用来储存、管理以及调用路径，面板中显示了储存的所有路径、矢量蒙版的名称和缩览图。执行"窗口＞路径"命令可以打开"路径"面板，如图 8.39 所示。

8.4　综合实例

　　利用路径工具绘制卡通图形标志，如图 8.40 所示。

图 8.40　卡通图形标志

Photoshop Shixun Jiaocheng

第 9 章

文 字

　　文字是设计作品中常见的元素，文字不仅用来表述信息，很多时候也起到美化版面的作用。Photoshop有着非常强大的文字创建与编辑功能，不仅有多种文字工具可供使用，更有多个参数设置面板可以用来修改文字的效果。本章主要讲解多种类型文字的创建以及文字属性的编辑方法。

9.1　使用文字工具

　　Photoshop的工具箱中有文字工具按钮，右键单击该工具按钮，即可看到文字工具组中的四个工具：横排文字工具、直排文字工具、直排文字蒙版工具和横排文字蒙版工具，如图9.1所示。横排文字工具和直排文字工具主要用来创建实体文字，如点文本、段落文本、路径文本、区域文本。横排文字蒙版工具和直排文字蒙版工具主要用来创建文字形状的选区。

图9.1　文字工具

9.1.1　认识文字工具

　　横排文字工具和直排文字工具的使用方法相同，差别在于输入文字的排列方式不同，如图9.2所示。横排文字工具输入的文字是横向排列的，横向排列是目前最为常用的文字排列方式。直排文字工具输入的文字是纵向排列的，纵向排列常用于古典感文字以及日文版面的编排。

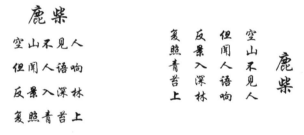

图9.2　文字的横排与直排

　　在输入文字之前，我们要对文字的字体、大小、颜色等属性进行设置。这些设置都可以在文字工具的选项栏中进行。单击工具箱中的"横排文字工具"按钮即可打开文字工具选项栏，如图9.3所示。

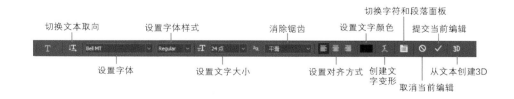

图9.3　文字工具选项栏

　　（1）切换文本取向：在选项栏中单击"切换文本取向"按钮，横排文字将变为直排文字，直排文字将变为横排文字。我们也可以通过执行"文字＞取向＞水平/垂直"命令切换文本取向。
　　（2）设置字体：在选项栏中单击"设置字体"下拉箭头，并在下拉列表中单击选择合适的字体。

（3）设置字体样式：字体样式只针对部分英文字体有效。输入字符后，我们可以在选项栏中设置字体样式，包含"Regular"（规则）、"Italic"（斜体）、"Bold"（粗体）和"Bold Italic"（粗斜体）。

（4）设置文字大小：可以直接在选项栏中输入数值，也可以在下拉列表中选择预设的字体大小。若要改变部分字符的大小，选中需要更改的字符后进行设置。

（5）消除锯齿：输入文字以后，我们可以在选项栏中为文字指定一种消除锯齿的方式。选择"无"方式时，Photoshop 不会应用消除锯齿，文字边缘会呈现出不平滑的效果；选择"锐利"方式时，文字的边缘最为锐利；选择"犀利"方式时，文字的边缘比较锐利；选择"浑厚"方式时，文字会变粗一些；选择"平滑"方式时，文字的边缘会非常平滑。

（6）设置对齐方式：根据输入字符时光标的位置来设置文本对齐方式。

（7）设置文字颜色：单击色块，在弹出的"拾色器"面板中可以设置文字颜色。如果要修改已有文字的颜色，我们可以在文档中选择文本，在选项栏中单击颜色块，在弹出的对话框中设置所需的颜色。

（8）创建文字变形：选中文本，单击该按钮即可在弹出的对话框中为文本设置变形效果。

（9）切换字符和段落面板：单击该按钮即可打开字符和段落面板。

（10）取消当前编辑：在文本输入或编辑状态下显示该按钮，单击即可取消当前的编辑操作。

（11）提交当前编辑：在文本输入或编辑状态下显示该按钮，单击即可确定并完成当前的文字输入或编辑操作。文本输入完成后需要单击该按钮完成操作，或者按下 Ctrl＋Enter 键完成操作。

（12）从文本创建 3D：单击该按钮即可将文本对象转换为有立体感的 3D 对象。

9.1.2　创建点文本

点文本常用于较短文字的输入，如文章标题、海报上的少量宣传文字，艺术字等。单击工具箱中的"横排文字工具"，在选项栏中可以进行字体、字号、文字颜色、对齐方式等的设置。设置完成后在画面中单击（单击处为文字的起点），画面中出现闪烁的光标，输入文字，文字会沿横向进行排列，单击选项栏中的提交按钮（或按快捷键 Ctrl＋Enter）即可完成文字的输入，如图 9.4 所示。

图 9.4　创建点文本

9.1.3　创建段落文本

段落文本是一种用来制作大段文字的常用方式。单击工具箱中的"横排文字工具"按钮，在选项栏中设置合适的字体、字号、文字颜色、对齐方式，在画布中按住鼠标左键并拖动绘制出一个矩形的文本框，在其中键入文字，文字会自动排列在文本框中，如图 9.5 所示。

9.1.4　创建路径文本

路径文本并不是一个单独的工具，而是使用横排文字工具或直排文字工具创建出的依附于路径的一种文字类型。依附于路径的文字会按照路径的形态进行排列。为了制作路径文本，我们要先绘制路径，然后单击"横排文字工具"按钮，在选项栏中设置合适的字体、字号、文字颜色，再将光标移动到路径上并单击，此时路径上出现了文字的输入点，输入文字后，文字会沿着路径进行排列，如图 9.6 所示。

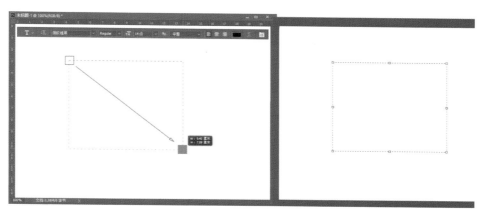

图9.5　创建段落文本

图9.6　创建路径文本

9.1.5　创建区域文本

　　绘制一条闭合路径，单击工具箱中的"横排文字工具"按钮，在选项栏中设置合适的字体、字号及文字颜色，将光标移动至路径内，单击鼠标左键插入光标。输入文字，可以观察到文字只在路径内排列。文字输入完成后，单击选项栏中的"提交当前编辑"按钮即可完成区域文本的制作，如图9.7所示。

图9.7　创建区域文本

9.1.6　创建文字变形

　　选中需要变形的文字图层，在使用文字工具的状态下，在选项栏中单击"创建文字变形"按钮打开"变形文字"对话框，我们可以在该对话框中单击"样式"列表选择文字变形的方式，对变形轴的方向、弯曲、水平扭曲、垂直扭曲的数值进行设置，如图9.8所示。

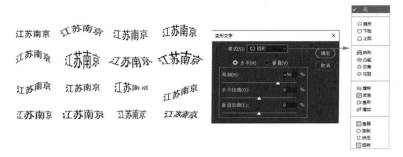

图9.8　创建文字变形

9.1.7　文字蒙版工具：创建文字选区

　　文字蒙版工具主要用于创建文字的选区，而不是实体文字。使用文字蒙版工具创建文字选区（见图9.9）的方法与使用文字工具创建文字对象的方法基本相同。我们以使用"横排文字蒙版工具"为例，单击工具箱中的"横排文字蒙版工具"，在选项栏中进行字体、字号、对齐方式的设置；在画面中单击，画面被半透明的蒙版覆盖；输入文字，文字部分显现出原始图像内容；文字输入完成后在选项栏中单击"提交当前编辑"按钮，文字将以选区的形式出现。

图9.9　使用文字蒙版工具创建文字选区

9.1.8　使用"字形"面板创建特殊字符

　　字形是特殊形式的字符。字形是由具有相同整体外观的字体构成的集合，它们是专为一起使用而设计的。执行"窗口＞字形"命令，打开"字形"面板，在上方"字体"下拉列表中选择一个字体（上面的表格中会显示出当前的字体的所有字符和符号），在文字输入的状态下，双击"字形"面板中的字符，即可在画面中输入该字符，如图9.10所示。

图9.10　创建特殊字符

9.2　文字属性的设置

在文字属性的设置方面，文字工具的选项栏是最方便的设置方式，但是只能在选项栏中对一些常用的属性进行设置。间距、样式、缩进、避头尾法则等选项的设置要使用"字符"面板和"段落"面板。这两个面板是我们进行文字版面编排时最常使用的面板。

9.2.1　"字符"面板

我们虽然能在文字工具的选项栏中进行一些文字属性的设置，但是选项栏中的文字属性并不是全部的文字属性。执行"窗口＞字符"命令可以打开"字符"面板，该面板专门用来定义页面中字符的属性，如图9.11所示。"字符"面板中除了包括常见的字体系列、字体样式、字体大小、文字颜色和消除锯齿等的设置，还包括行距、字距等的设置。

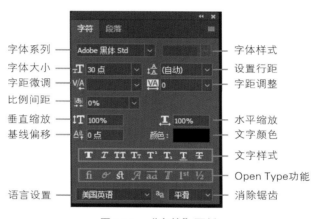

图9.11　"字符"面板

（1）设置行距：行距就是上一行文字基线与下一行文字基线的距离。选择需要调整的文字图层，在"设置行距"数值框中输入行距数值或在其下拉列表中选择预设的行距值，按Enter键即可设置行距。

（2）字距微调：用于对两个字符的字距进行微调。在设置时先要将光标插入需要进行字距微调的两个字符之间，然后在数值框中输入所需的字距微调量。输入正值时，字距会扩大；输入负值时，字距会缩小。

（3）字距调整：用于设置文字的字符间距。输入正值时，字距会扩大；输入负值时，字距会缩小。

（4）比例间距：按指定的百分比来调整字符周围的空间。字符本身并不会被伸展或挤压，而是字符之间的间距被伸展或挤压。

（5）垂直缩放、水平缩放：用于设置文字的垂直或水平缩放比例，以调整文字的高度或宽度。

（6）基线偏移：用于设置文字与文字基线之间的距离。输入正值时，文字会上移；输入负值时，文字会下移。

（7）语言设置：用于设置文本连字符和拼写的语言类型。

（8）消除锯齿：输入文字以后，可以在选项栏中为文字指定一种消除锯齿的方式。

9.2.2 "段落"面板

"段落"面板用于设置文本段落的属性，如对齐方式、缩进方式、避头尾法则、连字等属性。单击属性栏中的"段落"按钮或执行"窗口＞段落"命令，可以打开"段落"面板，如图9.12所示。

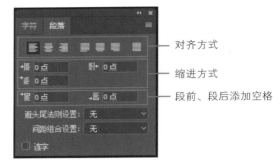

对齐方式
缩进方式
段前、段后添加空格

图9.12 "段落"面板

（1）左对齐：文字左对齐，段落右端参差不齐。

（2）居中对齐：文字居中对齐，段落两端参差不齐。

（3）右对齐：文字右对齐，段落左端参差不齐。

（4）最后一行左对齐：最后一行左对齐，其他行左右两端强制对齐。段落文本、形状文字可用，点文本不可用。

（5）最后一行居中对齐：最后一行居中对齐，其他行左右两端强制对齐。段落文本、形状文字可用，点文本不可用。

（6）最后一行右对齐：最后一行右对齐，其他行左右两端强制对齐。段落文本、形状文字可用，点文本不可用。

（7）全部对齐：在字符间添加额外的间距，使文本左右两端强制对齐。段落文本、形状文字、路径文本可用，点文本不可用。

（8）左缩进：用于设置段落文本向右（横排文字）或向下（直排文字）的缩进量。

（9）右缩进：用于设置段落文本向左（横排文字）或向上（直排文字）的缩进量。

（10）首行缩进：用于设置段落文本中每个段落的第1行向右（横排文字）或第1列文字向下（直排文字）的缩进量。

（11）段前添加空格：设置光标所在段落与前一个段落的间隔距离。

（12）段后添加空格：设置当前段落与另外一个段落的间隔距离。

（13）避头尾法则设置：在中文书写习惯中，标点符号通常不会位于每行文字的第一位，日文的书写也有相同的规则，我们可以通过设置"避头尾"来设定不允许出现在行首或行尾的字符。避头尾功能只能对段落文本或区域文本起作用。在默认情况下，"避头尾法则设置"设置为"无"，单击下拉箭头，在其中选择"严格"或者"宽松"。此时位于行首的标点符号位置会发生改变。

（14）间距组合设置：用于设置日语字符、罗马字符、标点和特殊字符的间距。选择"间距组合1"选项，可以对标点使用半角间距；选择"间距组合2"选项，可以对行中除最后一个字符外的大多数字符使用全角间距；选择"间距组合3"选项，可以对行中的大多数字符和最后一个字符使用全角间距；选择"间距组合4"选项，可以对所有字符使用全角间距。

（15）连字：勾选"连字"选项以后，在输入英文单词时，如果段落文本框的宽度不够，英文单词将自动换行，并在单词之间用连字符连接起来。

9.3 编辑文字

文字对象是一类特殊的对象，既具有文本属性，又具有图像属性。Photoshop虽然不是专业的文字处理软件，但也具有文字内容的编辑功能，如可以进行查找替换文本、英文拼写检查等。除此之外，Photoshop还可以将文字对象转换为位图、形状图层，自动识别图像中包含的文字的字体。

9.3.1 栅格化：文字对象变为普通图层

在"图层"面板中选择文字图层，在图层名称上单击鼠标右键，在弹出的菜单中选择"栅格化文字"命令，就可以将文字图层转换为普通图层，如图9.13所示。

图9.13 栅格化文字

9.3.2 文字对象变为形状图层

选择文字图层，在图层名称上单击鼠标右键，在弹出的菜单中选择"转换为形状"命令，就可以将文字图层变为形状图层，如图9.14所示。

图9.14 文字对象变为形状图层

9.3.3 创建文字路径

想要获取文字对象的路径，可以选中文字图层，在文字图层上单击鼠标右键，执行"创建工作路径"命令，如图9.15所示。得到了文字路径后，我们可以对路径进行描边、填充、创建矢量蒙版等操作。

图9.15 创建文字路径

9.3.4 使用占位符文本

"粘贴Lorem Ipsum"命令常用于段落文本中。使用横排文字工具绘制一个文本框，执行"文字＞粘贴Lorem Ipsum"命令，文本框即可快速被字符填满，如图9.16所示。如果使用横排文字工具在画面中单击，并执行"文字＞粘贴Lorem Ipsum"命令，会自动出现很多字符沿横向排列，甚至超出画面。

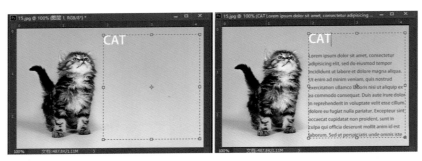

图9.16 使用占位符文本

9.3.5 拼写检查

"拼写检查"命令用于检查当前文本中的英文单词的拼写错误，对于中文是无效的。选择需要进行检查的文本对象，执行"编辑＞拼写检查"命令打开"拼写检查"对话框，Photoshop会自动查找错误并提供修改建议，如图9.17所示。

图9.17 拼写检查

9.3.6 查找和替换文本

执行"编辑＞查找和替换文本"命令，打开"查找和替换文本"对话框，在"查找内容"中输入要查找的内容，在"更改为"中输入要更改的内容，单击"全部更改"即可进行全部更改，如图9.18所示。这种方式比较适合统一进行更改。

图9.18 查找和替换文本

9.3.7　匹配字体

如果看到设计作品中的字体觉得很漂亮，但是又无从得知作品中使用的是什么字体，有了Photo-shop，我们就无须苦苦猜测字体究竟是哪种了。将图片在Photoshop中打开，使用选框工具框选需要查找字体的文字，执行"文字＞匹配字体"命令，弹出的对话框中就会出现与之类似的字体，如图9.19所示。

图9.19　匹配字体

9.3.8　解决文档的字体问题

打开一个缺少字体的文件，软件会自动弹出"缺失字体"对话框，会显示缺失的字体的名称，我们可以单击名称后方列表，选择用于替换的字体，也可以在不想替换时选择"不要解决"，如图9.20所示。执行"文字＞解析缺失字体"命令可以重新打开"缺失字体"对话框。

图9.20　解决文档的字体问题

当我们对缺失字体的文字图层进行自由变换操作时，软件会弹出提示用于文本图层的字体已丢失的对话框，此时对文字进行自由变换可能会使文字变模糊，如果仍要进行自由变换，可以单击"确定"按钮。

9.4　使用字符样式、段落样式

字符样式与段落样式指的是在Photoshop中定义的一系列文字的属性合集，包括文字的大小、间距、对齐方式等一系列属性。我们可以设定好一系列字符样式，在进行大量文字排版的时候可以快速调用这

些样式，使包含大量文字的版面快速变得规整。杂志、画册、书籍以及带有相同样式的文字对象的排版中经常需要使用这项功能。

9.4.1　字符样式、段落样式

我们可以在"字符样式"面板和"段落样式"面板中将字体、大小、间距、对齐等属性定义为"样式"，储存在"字符样式"面板和"段落样式"面板中，也可以将"样式"赋予其他文字，使之产生相同的文字样式。"字符样式"面板和"段落样式"面板常用于书籍排版、画册设计等包含大量相同样式文字的排版任务。

"段落样式"面板与"字符样式"面板的使用方法相同，都可以进行文字某些样式的定义、编辑与调用，如图 9.21 所示。"字符样式"面板主要用于类似标题文字的较少文字的排版，"段落样式"面板主要用于类似正文的大段文字的排版。

图 9.21　字符样式和段落样式

（1）清除覆盖：单击即可清除当前字体样式。

（2）通过合并覆盖重新定义字符样式：单击该按钮即可以当前所选文字的属性覆盖当前所选的字符样式或段落样式，使所选样式产生与此文字相同的属性。

（3）创建新样式：单击该选项可以创建新样式。

（4）删除选项样式、组：单击该选项，可以将当前选中的新样式或新样式组删除。

9.4.2　使用字符样式、段落样式

字符样式与段落样式的新建与应用方式相同，下面以字符样式为例进行讲解。

1.新建样式

在"字符样式"面板中单击"新建字符样式"按钮，双击新创建出的字符样式，即可弹出"字符样式选项"对话框，包含"基本字符格式""高级字符格式"与"OpenType功能"，可以对字符样式进行详细的编辑，可以修改文字属性，单击"确定"按钮即可完成设置，如图 9.22 所示。

2.使用样式

如果需要为某个文字使用新定义的字符样式，我们可以选中该文字图层并在"字符样式"面板中单击所需样式。

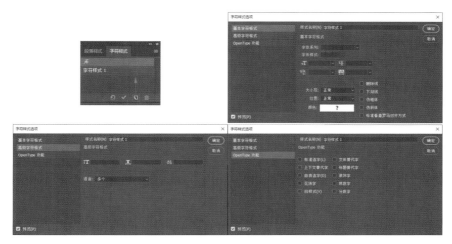

图 9.22　字符样式选项

3. 去除样式

如果需要去除当前文字图层的样式，我们可以选中该文字图层并单击"字符样式"面板中的"无"。

9.5　综合实例

使用文字工具等制作猫主题海报，如图 9.23 所示。

图 9.23　猫主题海报

Photoshop Shixun Jiaocheng

第 10 章

通　道

本章讲解通道相关的知识。通道的部分操作在前面的章节中也有涉及，如调色时对个别通道进行调整、利用通道进行抠图等。在本章中，我们主要了解利用通道进行这些操作的原理。

10.1　认识通道

通道是一个用于储存颜色信息和选区信息的功能。Photoshop中有三种通道，即颜色通道、专色通道和Alpha通道，颜色通道、专色通道用于储存颜色信息，Alpha通道用于储存选区。执行"窗口＞通道"命令可以打开"通道"面板，如图10.1所示。在"通道"面板中，我们可以看到一个彩色的缩览图和几个灰色的缩览图，这些就是通道。"通道"面板主要用于创建、储存、编辑和管理通道。

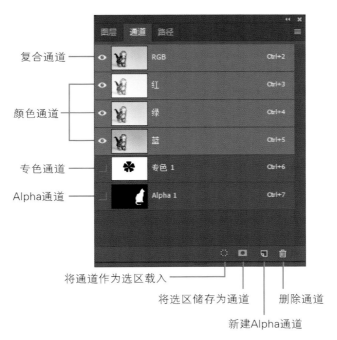

图10.1　"通道"面板

（1）颜色通道：用于记录图像颜色信息。不同颜色模式的图像显示的颜色通道个数不同，如RGB图像显示红通道、绿通道和蓝通道三个颜色通道，CMYK图像显示青色、洋红、黄色、黑色四个通道。

（2）Alpha通道：用于保存选区的通道。我们可以在Alpha通道中绘画、填充颜色、填充渐变、应用滤镜等。在Alpha通道中，白色部分为选区内部，黑色部分为选区外部，灰色部分为半透明的选区。

（3）将通道作为选区载入：单击该按钮可以载入所选通道的选区。在通道中，白色部分为选区内部，黑色部分为选区外部，灰色部分为半透明的选区。

（4）将选区储存为通道：如果图像中有选区，单击该按钮，可以将选区中的内容储存到通道中。选区内部会被填充为白色，选区外部会被填充为黑色，羽化的选区会被填充为灰色。

（5）新建Alpha通道：单击该按钮，可以新建一个Alpha通道。

（6）删除通道：将通道拖曳到该按钮上，可以删除选择的通道。在删除颜色通道时，特别要注意，如果删除的是红、绿、蓝通道中的一个，那么RGB通道也会被删除。如果删除的是复合通道，那么将删除Alpha通道和专色通道以外的所有通道。

10.2 颜色通道

颜色通道是将构成整体图像的颜色信息整理并表现为单色图像，在默认情况下显示为灰度图像。在默认情况下，打开一个图片，"通道"面板中显示的是颜色通道，如图 10.2 所示。这些颜色通道与图像的颜色模式是一一对应的。例如，RGB 颜色模式的图像的"通道"面板显示着 RGB 通道、红通道、绿通道和蓝通道。RGB 通道属于复合通道，显示整个图像的全通道效果，其他三个颜色通道则控制着各自颜色在画面中显示的量。图像颜色模式不同，颜色通道的数量也不同。CMYK 颜色模式的图像有 CMYK、青色、洋红、黄色、黑色 5 个通道。索引颜色模式的图像只有一个通道。

图 10.2　颜色通道

10.2.1　选择通道

在"通道"面板中单击即可选中某一通道，每个通道后面有对应的"Ctrl＋数字"格式快捷键，如"红"通道后面有 Ctrl＋3 快捷键，这就表示按 Ctrl＋3 快捷键可以单独选择"红"通道，如图 10.3 所示。按住 Shift 键并单击可以加选多个通道。

图 10.3　选择通道

10.2.2　使用通道调整颜色

在前面章节中，我们学习了调色命令的使用，很多调色命令中都带有通道的设置，如"曲线"命令。

对 RGB 通道进行调整，会影响画面整体的明暗和对比度；对红、绿、蓝通道进行调整，会使画面的颜色倾向发生更改，如图 10.4 所示。

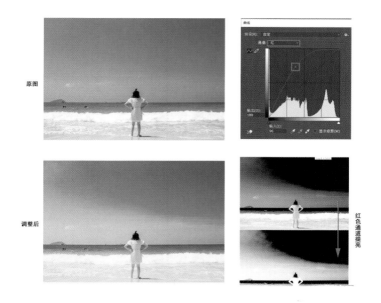

图 10.4　使用通道调整颜色

10.2.3　分离通道

Photoshop 可以将图像以通道中的灰度图像为内容，拆分为多个独立的灰度图像。以一张 RGB 颜色模式的图像为例，在"通道"面板的菜单中执行"分离通道"命令，软件会自动将红、绿、蓝 3 个通道单独分离成 3 张灰度图像并关闭彩色图像，如图 10.5 所示。

图 10.5　分离通道

10.2.4　合并通道

　　"合并通道"命令与"分离通道"命令相反，可以将多个灰度图像合并为一个图像，如图10.6所示。需要注意的是，要合并的图像必须满足几个条件（全部在Photoshop中打开；已拼合的图像；灰度模式；像素尺寸相同），否则"合并通道"命令将不可用。图像的数量决定了合并通道时可用的颜色模式，如4张图像可以合并为一个CMYK图像、3张图像可以合并为一个RGB模式图像。

图10.6　合并通道

10.3　Alpha 通道

　　Alpha通道与其说是一种通道，不如说是一个选区储存与编辑的工具。Alpha通道能够以黑白图的形式储存选区，白色为选区内部，黑色为选区外部，灰色为羽化的选区。Alpha通道将选区以图像的形式进行表现，更方便我们进行形态的编辑。

10.3.1　创建新的空白 Alpha 通道

　　单击"创建新通道"按钮可以新建一个Alpha通道，如图10.7所示。此时的Alpha通道为黑色，没有任何选区，我们可以在Alpha通道中填充渐变、绘图等。

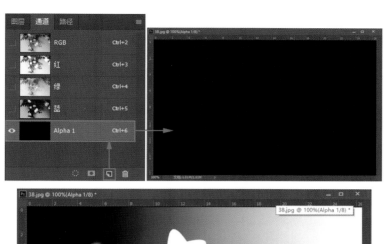

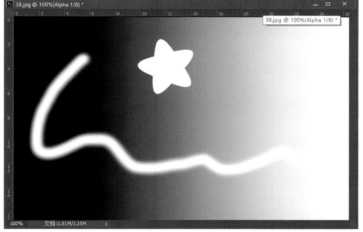

图 10.7　创建新 Alpha 通道

单击该 Alpha 通道并单击面板底部的"将通道作为选区载入"按钮可以得到选区，如图 10.8 所示。

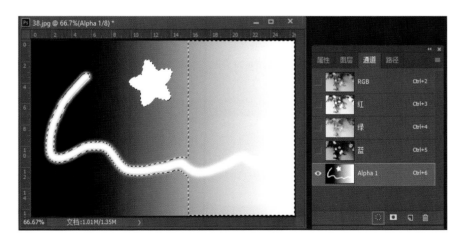

图 10.8　利用 Alpha 通道载入选区

10.3.2　复制颜色通道得到 Alpha 通道

选择通道，单击鼠标右键，在弹出的菜单中选择"复制通道"命令，即可得到一个相同内容的 Alpha 通道，如图 10.9 所示。

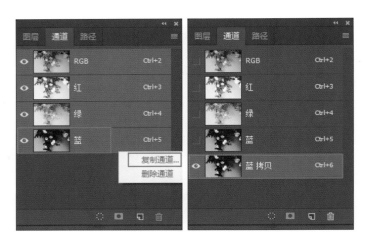

图 10.9　复制颜色通道

10.3.3　以当前选区创建 Alpha 通道

当图像中包含选区时，单击"通道"面板底部的"将选区储存为通道"按钮，即可得到一个 Alpha 通道，其中选区内的部分被填充为白色，选区外的部分被填充为黑色，如图 10.10 所示。

图 10.10　利用选区新建通道

10.3.4　通道计算：混合得到新通道、选区

"计算"命令可以混合两个来自一个源图像或多个源图像的通道，得到的混合结果可以是新的灰度图像、选区、通道。执行"图像＞计算"命令可以打开"计算"对话框，如图 10.11 所示。

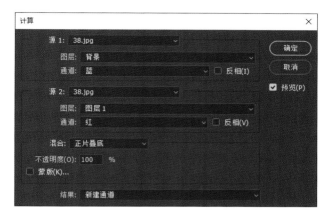

图 10.11　通道计算

10.3.5　应用图像

图层之间可以通过图层的混合模式来进行混合，通道之间可以通过应用图像进行混合。执行"图像＞应用图像"命令可以打开"应用图像"对话框，如图10.12所示。

图 10.12　应用图像

（1）源：用于设置参与混合的文件，默认为当前文件，也可以选择使用其他文件来与当前图像进行混合，但是该文件必须是打开的并与当前文件具有相同尺寸和分辨率的图像。

（2）图层：用于选择一个图层进行混合。当文件中有多个图层，并且需要将所有图层进行混合时，可以选择"合并图层"。

（3）通道：用于设置源文件中参与混合的通道。

（4）反相：用于将通道反相后进行混合。

（5）混合：下拉列表中包含多种混合模式。

（6）不透明度：控制混合的强度，数值越高，混合强度越大。

（7）保留透明区域：勾选该选项可以将混合效果限定在图层的不透明区域内。

（8）蒙版：勾选"蒙版"后会显示隐藏的选项，可以选择保护蒙版的图像和图层。

10.4　专色通道

专色是指在印刷时，不通过C、M、Y、K四色合成的颜色，而是专门用一种特定的油墨印刷的颜色。

使用专色可使颜色印刷效果更加精准。通过标准颜色匹配系统（如Pantone彩色匹配系统）的预印色样卡（见图10.13），我们能看到颜色在纸张上的准确颜色。但是需要注意的是，并不是我们随意设置出来的专色都能够被印刷厂准确地调配出来，所以在没有特殊要求的情况下，不要轻易使用自己定义的专色。

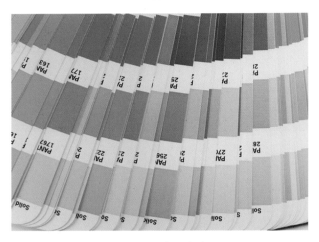

图10.13　专色色卡

创建通道之前，我们要得到用于专色印刷区域的选区，打开"通道"面板，单击"面板菜单"按钮，执行"新建专色通道"命令会弹出"新建专色通道"对话框，设置专色通道的名称，如图10.14所示。设置完成后，单击"颜色"按钮，会弹出"拾色器"面板，单击该面板中的"颜色库"按钮会弹出"颜色库"面板，可以从色库列表中选择一个合适的色库。每个色库都有很多预设的颜色，选择一种颜色，单击"确定"按钮，在"新建专色通道"面板中通过"密度"数值来设置颜色的浓度，单击"确定"按钮即可完成新建。

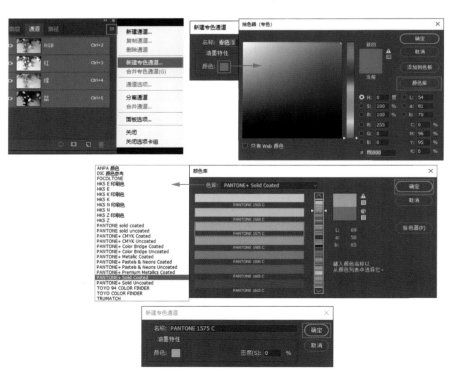

图10.14　新建专色通道

10.5　综合实例

使用通道等功能完成红月森林的制作，如图10.15所示。

图10.15　红月森林

Photoshop Shixun Jiaocheng

第11章

滤　镜

滤镜主要用来实现图像的各种特殊效果。Photoshop 中有数十种滤镜，有些滤镜通过几个参数的设置就能让图像"改头换面"，如油画滤镜、液化滤镜。有的滤镜则让人摸不到头脑，如纤维滤镜、彩色半调滤镜。在有些情况下，几种滤镜结合才能制作出令人满意的滤镜效果。这就需要同学们掌握各个滤镜的特点，然后开动脑筋，将多种滤镜结合使用，才能制作出神奇的效果。

11.1　使用滤镜

Photoshop 中的滤镜集中在滤镜菜单中，单击菜单栏中的"滤镜"按钮，在菜单列表中可以看到多种滤镜，如图 11.1 所示。位于滤镜菜单上半部分的几个滤镜通常被称为"特殊滤镜"，因为这些滤镜的功能比较强大，有些像独立的软件。这几种特殊滤镜的使用方法各不相同，在后面会逐一进行讲解。

滤镜菜单的第二大部分为滤镜组，滤镜组的每个菜单命令下都包含多个滤镜，这些滤镜大多数使用起来非常简单，执行相应的命令并调整简单参数就能够得到有趣的效果。

滤镜菜单的第三大部分为外挂滤镜，Photoshop 支持使用第三方开发的滤镜，这种滤镜通常被称为"外挂滤镜"。外挂滤镜的种类非常多，如人像皮肤美化滤镜、照片调色滤镜、降噪滤镜、材质模拟滤镜等。这些滤镜可能在菜单中并没有显示，这是因为并没有安装其他外挂滤镜（也可能是没有安装成功）。

11.1.1　滤镜库：效果滤镜大集合

滤镜库中集合了很多滤镜，虽然滤镜效果风格迥异，但是使用方法非常相似。我们可以在滤镜库中添加一个滤镜，还可以添加多个滤镜（制作多种滤镜混合的效果）。打开一张图片，执行"滤镜＞滤镜库"命令可以打开滤镜库，如图 11.2 所示。

图 11.1　滤镜　　　　　　　　　　　　　　　　图 11.2　滤镜库

11.1.2　自适应广角：校正广角镜头造成的变形问题

自适应广角滤镜可以对广角、超广角及鱼眼效果进行变形校正，如图 11.3 所示。打开一张存在变形问题的图片，可以看出桥向上凸起，左侧的楼也发生了变形。执行"滤镜＞自适应广角"命令打开滤镜窗口，在校正下拉列表中选择校正的类型（包含鱼眼、透视、自动、完整球面），选择不同的校正方式，即可对图像进行自动校正。

图 11.3　自适应广角滤镜

11.1.3　镜头校正：扭曲、紫边绿边、四角失光

在使用单反相机拍摄数码照片时，可能会出现扭曲、歪斜、四角失光等现象，使用镜头校正滤镜可以轻松校正这一系列问题，如图 11.4 所示。打开一张有问题照片，可以看到地面水平线向上弯曲（可以通过在画面中创建参考线，来观察画面中的对象是否水平或垂直），而且四角有失光的现象。执行"滤镜＞镜头校正"命令打开"镜头校正"窗口，单击"自定"按钮切换到"自定"选项卡，向左拖曳"移去扭曲"滑块或设置数值为 9，即可对图像进行校正。

图 11.4　镜头校正滤镜

11.1.4　液化：瘦脸瘦身随意变

液化滤镜主要用于制作图形的变形效果，如图 11.5 所示。使用液化滤镜的图片就如同刚画好的油画，用手指"推"一下画面中的油彩，就能使图像内容发生变形。执行"滤镜＞液化"命令打开"液化"窗口，单击"向前变形"按钮，在窗口的右侧设置合适的画笔（通常我们会将笔尖调大一些，这样变形后的效果更加自然），将光标移动至嘴角处，按住鼠标左键向上拖曳，即可完成修改。

11.1.5　消失点：修补带有透视的图像

消失点滤镜可以在包含透视平面（如建筑物的侧面、墙壁、地面或任何矩形对象）的图像中进行细节的修补，如图 11.6 所示。

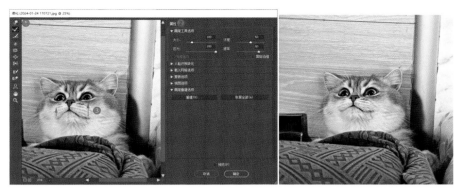

图 11.5　液化滤镜

图 11.6　消失点滤镜

（1）编辑平面工具：用于选择、编辑、移动平面的节点以及调整平面的大小。

（2）创建平面工具：用于定义透视平面的4个角节点。创建好4个角节点以后，可以使用该工具对节点进行移动、缩放。按住Ctrl键并拖曳边节点，可以拉出一个垂直平面。如果节点的位置不正确，可以按Back键删除该节点。

（3）选框工具：使用该工具可以在创建好的透视平面上绘制选区，以选中平面上的某个区域。建立选区以后，将光标放置在选区内，按住Alt键并拖曳选区，可以复制图像。按住Ctrl键并拖曳选区，可以用源图像填充该区域。

（4）图章工具：使用该工具时，按住Alt键并在透视平面内单击可以设置取样点，在其他区域拖曳鼠标即可进行仿制操作。

（5）画笔工具：该工具主要用于在透视平面上绘制选定的颜色。

（6）变换工具：该工具主要用于变换选区，其作用相当于"编辑＞自由变换"命令。

（7）吸管工具：可以使用该工具在图像上拾取颜色，以用作画笔工具的绘画颜色。

（8）测量工具：使用该工具可以在透视平面中测量项目的距离和角度。

（9）抓手工具、缩放工具：这两个工具的使用方法与工具箱中的相应工具完全相同。

11.1.6　滤镜组的使用

Photoshop的滤镜多达几十种，一些效果相近的、工作原理相似的滤镜被集合在滤镜组中，滤镜组中的滤镜的使用方法非常相似：几乎都是选择图层、执行命令、设置参数、单击确定这几个步骤。差别在于不同滤镜的参数选项略有不同，但是滤镜的参数效果大部分是可以实时预览的，所以可以随意调整参数来观察效果。

11.2　风格化滤镜组

执行"滤镜＞风格化"命令，在子菜单中可以看到多种滤镜，如图11.7所示。

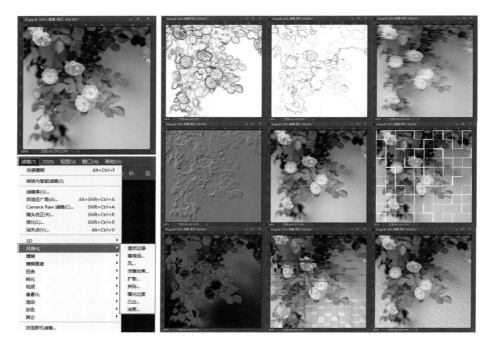

图11.7　风格化滤镜组

（1）查找边缘：该滤镜可以自动识别图像像素对比度变换强烈的边界，并在查找到的图像边缘勾勒出轮廓线，使硬边变成线条，使柔边变粗，从而形成一个清晰的轮廓。

（2）等高线：该滤镜用于自动识别图像亮部区域和暗部区域的边界，并用颜色较浅、较细的线条勾勒出来，使其产生线稿的效果。

（3）风：该滤镜可以通过移动像素位置，产生一些细小的水平线条来模拟风吹效果。

（4）浮雕效果：该滤镜可以将图像的底色转换为灰色，使图像的边缘突出来生成在木板或石板上凹陷或凸起的浮雕效果。

（5）扩散：该滤镜可以分散图像边缘的像素，让图像形成一种类似于透过磨砂玻璃观察物体时的模糊效果。

（6）拼贴：该滤镜可以将图像分解为一系列块状图像，并使其偏离其原来的位置，产生不规则拼砖的图像效果。

（7）曝光过度：该滤镜可以混合负片和正片图像，产生类似于将摄影照片短暂曝光的效果。

（8）凸出：该滤镜可以使图像生成具有凸出感的块状或者锥状的立体效果。使用此滤镜，可以轻松为图像构建3D效果。

（9）油画：该滤镜主要用于将照片快速地转换为油画效果，能够产生笔触鲜明、厚重，质感强烈的画面效果。

11.3　模糊滤镜组

模糊滤镜组集合了多种模糊滤镜，为图像应用模糊滤镜能够使图像内容变得柔和、淡化边界的颜色。使用模糊滤镜组中的滤镜可以进行磨皮、制作景深效果或者模拟高速摄像机跟拍效果。执行"滤镜＞模糊"命令，可以在子菜单中看到多种用于模糊图像的滤镜，这些滤镜适合应用的场合不同，如图11.8所示。高斯模糊滤镜是最常用的图像模糊滤镜。模糊、进一步模糊滤镜属于"无参数"滤镜，无参数可供调整，适合轻微模糊的情况。表面模糊、特殊模糊滤镜常用于图像降噪。动感模糊、径向模糊滤镜会沿一定方向进行模糊。方框模糊、形状模糊滤镜是以特定的形状进行模糊。镜头模糊滤镜常用于模拟大光圈摄影效果。平均滤镜用于获取整个图像的平均颜色值。

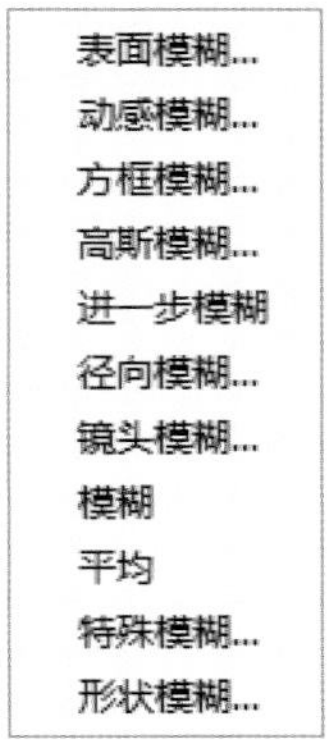

表面模糊...
动感模糊...
方框模糊...
高斯模糊...
进一步模糊
径向模糊...
镜头模糊...
模糊
平均
特殊模糊...
形状模糊...

图 11.8　模糊滤镜组

（1）表面模糊：表面模糊滤镜可以在不修改边缘的情况下模糊图像，经常用于消除画面中细微的杂点。

（2）动感模糊：动感模糊滤镜可以沿指定的方向产生类似于运动的效果，常用于制作带有动感的画面，如图11.9所示。

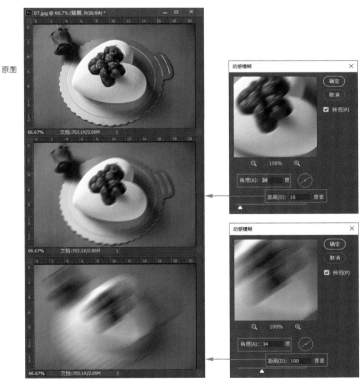

图 11.9　动感模糊滤镜设置

（3）方框模糊：方框模糊滤镜可以基于相邻像素的平均颜色值来模糊图像，生成的模糊效果类似于方块模糊。

（4）高斯模糊：高斯模糊滤镜可以均匀柔和地将画面进行模糊，使画面看起来具有朦胧感。

（5）进一步模糊：进一步模糊滤镜没有任何参数可以设置，使用该滤镜只会让画面产生轻微的、均匀的模糊效果。

（6）径向模糊：径向模糊滤镜用于以指定的中心点为起始点创建旋转或缩放的模糊效果。

（7）镜头模糊：镜头模糊滤镜通常用于制作景深效果。如果图像中存在Alpha通道或图层蒙版，则可以将其指定为"源"，从而产生景深模糊效果。

（8）模糊：模糊滤镜用于在图像中有显著颜色变化的地方消除杂色，它可以通过平衡已定义的线条和遮蔽区域的清晰边缘旁边的像素来使图像变得柔和（该滤镜没有参数设置窗口）。

（9）平均：平均滤镜可以查找图像或选区的平均颜色，再用该颜色填充图像或选区，以创建平滑的外观效果。

（10）特殊模糊：特殊模糊滤镜可以将图像的细节颜色呈现为更加平滑的模糊效果。

（11）形状模糊：形状模糊滤镜可以以特定形状来创建特殊的模糊效果。

11.4 模糊画廊

模糊画廊滤镜组中的滤镜同样是对图像进行模糊处理的，但这些滤镜主要用于为数码照片制作特殊的模糊效果，如旋转模糊、移轴摄影、微距摄影等特殊效果，如图11.10所示。这些简单、有效的滤镜非常适合摄影工作者。

图11.10 模糊画廊滤镜组效果

（1）场景模糊：场景模糊滤镜可以固定多个点，从这些点向外进行模糊。执行"滤镜＞模糊＞场景模糊"命令，在画面中单击创建多个图钉，选中每个图钉并调整模糊数值即可使画面产生渐变的模糊效果。

（2）光圈模糊：光圈模糊滤镜可将一个或多个焦点添加到图像中。我们可以根据不同的要求对焦点的大小与形状、图像其余部分的模糊数量以及清晰区域与模糊区域的过渡效果进行相应的设置。

（3）移轴模糊：移轴效果是一种特殊的摄影效果，用大场景来表现类似微观的世界，让人感觉非常有趣。

（4）路径模糊：路径模糊滤镜可以沿着一定方向进行画面模糊，可以在画面中创建任何角度的直线或者弧线控制杆使像素沿着控制杆的走向进行模糊。路径模糊滤镜可以用于制作带有动效的模糊效果，也可以制作出多角度、多层次的模糊效果。

（5）旋转模糊：旋转模糊滤镜与径向模糊滤镜较为相似，但是旋转模糊滤镜比径向模糊滤镜功能更加强大。旋转模糊滤镜可以一次性在画面中添加多个模糊点，还能够随意控制每个模糊点的模糊的范围、形状与强度。径向模糊滤镜可以用于模拟拍照时旋转相机产生的模糊效果，以及旋转的物体产生的模糊效果。

11.5　扭曲滤镜组

执行"滤镜＞扭曲"命令，在子菜单中可以看到多种滤镜，如图11.11所示。

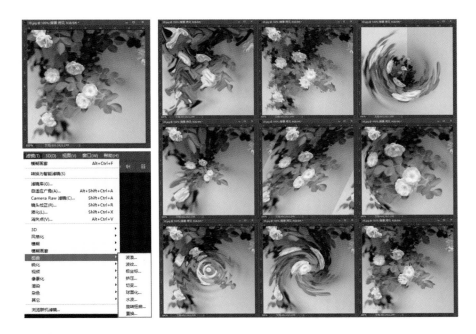

图11.11　扭曲滤镜组

（1）波浪：该滤镜是一种通过移动像素位置达到图像扭曲效果的滤镜，该滤镜可以在图像上创建类似于波浪起伏的效果。

（2）波纹：该滤镜似水波的涟漪效果，常用于制作水面的倒影。

（3）极坐标：该滤镜可以说是一种"极度变形"的滤镜，可以将图像从拉直变为弯曲、从弯曲变为拉直，也可以将平面坐标转换到极坐标、极坐标转换到平面坐标。

（4）挤压：该滤镜可以将图像进行挤压变形。在弹出的对话框中，"数量"用于调整图像扭曲变形的程度和形式。

（5）切变：该滤镜是将图像沿一条曲线进行扭曲，通过拖曳调整框中的曲线可以应用相应的扭曲效果。

（6）球面化：该滤镜可以使图像产生映射在球面上的突起或凹陷的效果。

（7）水波：该滤镜可以使图像按各种设定产生抖动的扭曲，并按同心环状由中心向外排布，产生的效果就像透过荡起阵阵涟漪的湖面一样。

（8）旋转扭曲：该滤镜可以以画面中心为圆点，按照顺时针或逆时针的方向旋转图像，产生类似漩涡的旋转效果。

（9）置换：该滤镜需要两个图像文件才能完成。一个是进行置换变形的图像文件；另一个则是决定如何进行置换变形的文件，且该文件必须是psd格式的文件。

11.6　锐化滤镜组

锐化滤镜组能够增强颜色的边缘的对比，使模糊的图形变得清晰。但是过度的锐化会造成噪点、色斑，所以锐化的数值要适当使用。如图11.12所示，我们可以看到同一图像中模糊、正常与锐化过度的三个效果。

图11.12　锐化滤镜组

执行"滤镜＞锐化"命令，可以在子菜单中看到多种用于锐化的滤镜。这些滤镜适合应用的场合不同。USM锐化、智能锐化滤镜是最为常用的锐化图像的滤镜，参数可调性强。进一步锐化、锐化、锐化边缘滤镜属于"无参数"滤镜，无参数可供调整，适合轻微锐化的情况。防抖滤镜用于处理带有抖动的照片。

（1）USM锐化：USM锐化滤镜可以自动识别画面中色彩对比明显的区域，并对其进行锐化。

（2）防抖：防抖滤镜可以弥补使用相机拍摄时抖动而产生的图像抖动虚化问题。

（3）进一步锐化：进一步锐化滤镜可以通过增加像素之间的对比度使图像变得清晰，但锐化效果不是很明显（与模糊滤镜组中的进一步模糊滤镜类似）。

（4）锐化：锐化滤镜没有参数设置窗口，其锐化程度一般比较小。

（5）锐化边缘：锐化边缘滤镜没有参数设置窗口，会锐化图像的边缘。

（6）智能锐化：智能锐化滤镜的参数比较多，也是实际工作中使用频率最高的一种锐化滤镜。

11.7　视频滤镜组

视频滤镜组包含两种滤镜：NTSC颜色滤镜和逐行滤镜。这两个滤镜可以处理以隔行扫描方式提取的图像。

（1）NTSC颜色：NTSC颜色滤镜可以将色域限制在电视机重现可接受的范围内，以防止过饱和颜色渗到电视扫描行。

（2）逐行：逐行滤镜可以移去视频图像中的奇数或偶数隔行线，使在视频上捕捉的运动图像变得平滑。

11.8　像素化滤镜组

　　像素化滤镜组可以将图像进行分块或平面化处理。像素化滤镜组包含7种滤镜：彩块化、彩色半调、点状化、晶格化、马赛克、碎片、铜板雕刻滤镜，如图11.13所示。执行"滤镜＞像素化"命令即可看到该滤镜组中的命令完成后产生的滤镜效果。

图11.13　像素化滤镜组

　　（1）彩块化：该滤镜可以将纯色或相近色的像素结成相近颜色的像素块，使图像产生手绘的效果。由于彩块化滤镜在图像上产生的效果不明显，在使用该滤镜时，我们可以通过重复按下Ctrl＋F键使用该滤镜加强画面效果。彩块化滤镜常用来制作手绘图像、抽象派绘画等艺术效果。

　　（2）彩色半调：该滤镜可以在图像中添加网版化的效果，模拟在图像的每个通道上使用放大的半调网屏的效果。应用彩色半调滤镜后，图像的每个颜色通道都将转化为网点，网点的大小受到图像亮度的影响。

　　（3）点状化：点状化滤镜可模拟制作对象的点状色彩效果；可以将图像中颜色相近的像素结合在一起，变成一个个颜色点，并使用背景色作为颜色点之间的画布区域。

　　（4）晶格化：该滤镜可以使图像中颜色相近的像素结块形成多边形纯色晶格化效果。

　　（5）马赛克：该滤镜是比较常用的滤镜效果。使用该滤镜会将原有图像处理为以单元格为单位的图像，而且每个单元的所有像素颜色统一，从而使图像丧失原貌，只保留图像的轮廓，创建出类似于马赛克瓷砖的效果。

　　（6）碎片：该滤镜可以将图像中的像素复制四次，然后将复制的像素平均分布，并使其相互偏移，产生一种类似于重影的效果。

　　（7）铜版雕刻：该滤镜可以将图像用点、线条或笔画的样式转换为黑白区域的随机图案或彩色图像中完全饱和颜色的随机图案。

11.9　渲染滤镜组

渲染滤镜组在滤镜中算是"另类"，该滤镜组中的滤镜的特点是其自身可以产生图像，如图11.14所示。比较典型的就是云彩滤镜和纤维滤镜，这两个滤镜可以利用前景色和背景色直接产生效果。渲染滤镜组中还有火焰滤镜、图片框滤镜和树滤镜。执行"滤镜＞渲染"命令即可看到该滤镜组中的滤镜。

图11.14　渲染滤镜组

（1）火焰：火焰滤镜可以轻松打造出沿路径排列的火焰。

（2）图片框：图片框滤镜可以在图像边缘处添加各种风格的花纹相框。

（3）树：树滤镜可以轻松创建出多种类型的树。

（4）分层云彩：该滤镜使用随机生成的介于前景色与背景色之间的值，将云彩数据和原有的图像像素混合，生成云彩照片。多次应用该滤镜可创建出与大理石纹理相似的照片。

（5）光照效果：该滤镜通过改变图像的光源方向、光照强度等使图像产生更加丰富的光效。光照效果滤镜可以在RGB图像上产生多种光照效果，也可以使用灰度文件的凹凸纹理图产生类似3D的效果。

（6）镜头光晕：该滤镜可以模拟亮光照射到相机镜头产生的折射效果，使图像产生炫光的效果。该滤镜常用于创建星光、强烈的日光以及其他光芒效果。

（7）纤维：该滤镜可以根据前景色和背景色来创建类似编织的纤维效果，原图像会被纤维效果代替。

（8）云彩：该滤镜可以根据前景色和背景色随机生成云彩图案。

11.10　杂色滤镜组

杂色滤镜组包含5种滤镜：减少杂色、蒙尘与划痕、去斑、添加杂色、中间值滤镜。添加杂色滤镜常用于画面中杂点的添加。另外四种滤镜都可用于降噪，也就是去除画面的杂点。

（1）减少杂色：该滤镜可以通过融合颜色相似的像素实现杂色的减少，还可以针对单个通道的杂色减少进行参数设置。

（2）蒙尘与划痕：该滤镜可以根据亮度的过渡差值，找出与图像反差较大的区域，并用周围的颜色填充这些区域，以有效地去除图像中的杂点和划痕。但是该滤镜会降低图像的清晰度。

（3）去斑：该滤镜可以自动探测图像中颜色变化较大的区域，然后模糊除边缘以外的部分，使图像中的杂点减少。该滤镜可以用于为人物磨皮。

（4）添加杂色：该滤镜可以在图像中添加随机像素，减少羽化选区或渐进填充中的条纹，使经过重大修饰的区域看起来更真实。

（5）中间值：该滤镜可以搜索图像中亮度相近的像素，去掉与相邻像素差异太大的像素，并用搜索到的像素的中间亮度值替换中心像素，使图像的区域平滑化。该滤镜在消除或减少图像的动感效果时非常有用。

11.11　其他滤镜组

其他滤镜组中包含高反差保留滤镜、位移滤镜、自定滤镜、最大值滤镜与最小值滤镜。

（1）高反差保留：高反差保留滤镜可以自动分析图像中的细节边缘部分，并且会制作出一张带有细节的图像。

（2）位移：位移滤镜可以在水平或垂直方向上偏移图像。

（3）自定：自定滤镜可以设计用户自己的滤镜效果。该滤镜可以根据预定义的"卷积"数学运算来更改图像中每个像素的亮度。

（4）最大值：最大值滤镜可以在指定的半径范围内，用周围像素的最高亮度替换当前像素的亮度。最大值滤镜具有缩小功能，可以扩展白色区域、缩小黑色区域。

（5）最小值：最小值滤镜具有伸展功能，可以扩展黑色区域、缩小白色区域。

11.12　综合实例

使用彩色半调滤镜制作音乐海报，如图11.15所示。

图11.15　音乐海报

进阶实践篇

Photoshop Shixun Jiaocheng

第 12 章

综合案例——实用贴图技法

　　不同的图片内容有不同贴图方法，常见的有以下几种：褶皱贴图、多面贴图、曲面贴图。褶皱贴图多见于布料、窗帘、服装等添加印花图案，常使用"滤镜＞扭曲＞置换"命令。多面贴图多见于包装盒、台阶等添加装饰图案，常使用"滤镜＞消失点"命令。曲面贴图多见于杯子、易拉罐等添加装饰图案或标志，常使用"编辑＞变换＞变形"和"蒙版"命令。下面分别举例示范。

12.1　布料贴图

内容：布料贴图。

重难点：图层混合选项（图层样式）设置。

本节讨论如何使用滤镜及图层样式等功能实现布料材质的贴图效果。

布料贴图效果图如图12.1所示。

布料贴图素材图如图12.2所示。

图 12.1　布料贴图效果图　　　　　　　　　图 12.2　布料贴图素材图

12.2　台阶贴图

内容：台阶贴图。

重难点：消失点滤镜、图层混合选项（图层样式）设置。

本节讨论如何使用消失点滤镜及图层样式等设置完成台阶立体化贴图效果。

台阶贴图效果图如图12.3所示。

图 12.3　台阶贴图效果图

台阶贴图素材图如图12.4所示。

图 12.4　台阶贴图素材图

12.3　易拉罐贴图

内容：易拉罐贴图。

重难点：选区、蒙版及图层混合选项（图层样式）设置。

本节讨论如何使用蒙版及图层样式等功能实现易拉罐的立体化贴图效果。

易拉罐贴图效果图如图12.5所示。

易拉罐贴图素材图如图12.6所示。

图 12.5　易拉罐贴图效果图

图 12.6　易拉罐贴图素材图

Photoshop Shixun Jiaocheng

第 13 章
综合案例
——实用肌理感技法

肌理感可以通过多种工具或命令来实现，也可以通过工具或命令中的一种重复使用、调整不同的参数来实现。这些常用的工具和命令包括但不限于滤镜、蒙版、画笔笔刷、图层样式、图层混合模式、调整图层、智能对象、图案、路径等。

13.1　雕刻纹理

内容：雕刻纹理。

重难点：图案定义、滤镜、色彩调整、图层混合选项（图层样式）设置。

本节讨论如何使用滤镜、图案定义、色彩调整及图层样式设置等功能完成雕刻纹理效果。

成品文件尺寸大一些，效果会更好，如图13.1和图13.2所示。

图 13.1　大尺寸效果图

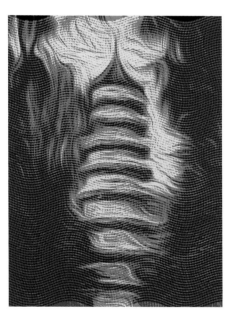
图 13.2　小尺寸效果图

13.2　凹陷文字

内容：凹陷文字。

重难点：图层混合选项（图层样式）设置。

本节讨论如何使用文字工具和图层样式设置完成凹陷文字效果。

凹陷文字效果图如图13.3所示。

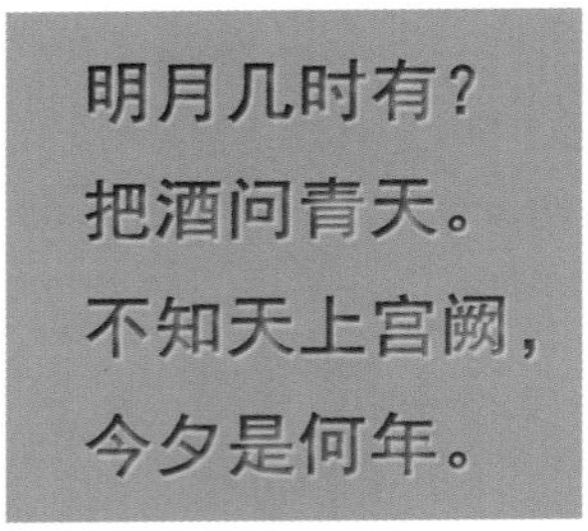

明月几时有？
把酒问青天。
不知天上宫阙，
今夕是何年。

图 13.3　凹陷文字效果图

13.3　消散文字

内容：消散文字。

重难点：文字、图层混合选项（图层样式）设置。

本节讨论如何使用文字工具、滤镜及图层样式等完成消散文字效果。

消散文字效果图如图 13.4 所示。

图 13.4　消散文字效果图

13.4　故障文字

内容：故障文字。

重难点：文字、滤镜、图层混合选项（图层样式）设置。

本节讨论如何使用文字、滤镜及图层样式完成故障文字设计效果。

故障文字效果图如图 13.5 所示。

图 13.5　故障文字效果图

Photoshop Shixun Jiaocheng

第 14 章
综合案例——海报制作

海报，又名"招贴"，分布于街道、影（剧）院、展览会、机场、码头、车站、公园等公共场所，具有传播信息和视觉刺激的特点。海报设计是视觉传达的表现形式之一，通过版面的构成在第一时间将人的目光吸引，使人获得瞬间的刺激。设计者要将图片、文字、色彩、空间等要素进行完整的结合，以恰当的形式向人们展示宣传信息。

14.1　3D 炸裂星云海报

内容：3D 炸裂星云海报。

重难点：3D 功能设置。

本节讨论如何使用 3D 功能完成 3D 炸裂星云海报制作。

3D 炸裂星云海报效果图如图 14.1 所示。

图 14.1　3D 炸裂星云海报效果图

14.2　波普色彩海报

内容：波普色彩海报。

重难点：色彩调整。

本节讨论如何使用色彩调整功能完成波普色彩海报制作。

波普色彩海报效果图如图14.2所示。

图 14.2　波普色彩海报效果图

14.3　图文穿插海报

内容：图文穿插海报。

重难点：文字、蒙版。

本节讨论如何使用文字、蒙版等工具完成图文穿插海报制作。

图文穿插海报效果图如图14.3所示。

图 14.3　图文穿插海报效果图

Photoshop Shixun Jiaocheng

第15章

综合案例——界面设计

本章主要讨论平面设计在界面设计中的应用，根据课程内容设计四个案例：导航图标制作、动态登录界面制作、微拟态移动端App界面设计、课后练习——微拟态PC端应用界面设计。

四个案例由浅入深，在制作过程中强化界面设计中矢量作图的关键思想。重点掌握钢笔工具及形状工具的综合应用。

15.1 导航图标制作

内容：导航图标制作。

重难点：钢笔工具、形状工具、形状工具计算方法、形状属性设置、图层混合选项（图层样式）设置。

本节讨论如何使用钢笔工具、形状工具等矢量编辑工具进行常见导航图标制作。

导航图标如图15.1所示。

图 15.1　导航图标

15.2 动态登录界面制作

内容：动态登录界面制作。

重点：钢笔工具、形状工具、形状属性设置、时间轴动画。

本节讨论如何设计制作移动端应用登录界面，并使用时间轴动画制作简单的动态效果。

动态登录界面如图15.2所示。

图 15.2　动态登录界面

15.3　微拟态移动端App界面设计

内容：微拟态、移动端App界面设计

重难点：钢笔工具、形状工具、形状工具计算方法、形状属性设置、图层混合选项（图层样式）设置。

微拟态指通过视觉设计手段使物体看起来像其他物体或环境的一部分。这种手法在设计领域应用广泛，可以提供更好的用户体验和视觉效果。在界面设计中，微拟态通过模拟现实世界的物理特征和行为，为用户创造熟悉和自然的使用体验。例如，界面使用立体效果、阴影、透明度等效果，使元素看起来像实际物体一样具有质感和层次感。这种设计可以帮助用户更好地理解界面中的元素的关系和交互方式，并提高界面的易用性。

本节讨论如何运用微拟态效果设计某智能辅助监控系统App界面。

微拟态移动端App界面设计如图15.3所示。

图15.3　微拟态移动端App界面设计

图标的制作方法在前面章节中已经介绍，本节不再赘述。

界面中的图标如图15.4所示。

图15.4　界面中的图标

15.4　课后练习——微拟态PC端应用界面设计

练习要求：参考微拟态移动端App界面设计进行微拟态PC端应用界面设计。

具体要求：尺寸为1200像素×600像素，72分辨率。

微拟态PC端应用界面设计效果如图15.5所示。

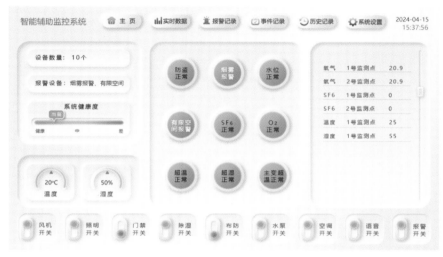

图15.5　微拟态PC端应用界面设计效果